无意义的意义

〔日〕泉谷闲示——著

佟凡——译

北京科学技术出版社

SHIGOTO NANKA IKIGAI NI SURUNA IKIRU IMI WO FUTATABI KANGAERU

by Kanji Izumiya

Copyright © Kanji Izumiya, 2017

All rights reserved.

Original Japanese edition published by Gentosha Publishing Inc.

This Simplified Chinese edition is published by arrangement with Gentosha Publishing Inc., Tokyo in care of Tuttle-Mori Agency, Inc., Tokyo through Pace Agency Ltd., Jiangsu Province.

Simplified Chinese translation copyright © 2025 by Beijing Science and Technology Publishing Co., Ltd.

著作权合同登记号　图字：01-2024-5417

图书在版编目（CIP）数据

无意义的意义 /（日）泉谷闲示著；佟凡译.
北京：北京科学技术出版社，2025（2025重印）.
ISBN 978-7-5714-4346-7

Ⅰ . B821-49

中国国家版本馆CIP数据核字第 2024FN9687 号

策划编辑：宋　晶
责任编辑：白　林
图文制作：边文彪
封面设计：源画设计
责任印制：吕　越
出 版 人：曾庆宇
出版发行：北京科学技术出版社
社　　址：北京西直门南大街 16 号
邮政编码：100035
ISBN 978-7-5714-4346-7

定　　价：59.00 元

电话传真：0086-10-66135495（总编室）
　　　　　0086-10-66113227（发行部）
网　　址：www.bkydw.cn
印　　刷：北京宝隆世纪印刷有限公司
开　　本：880 mm × 1230 mm　1/32
字　　数：92 千字
印　　张：5.5
版　　次：2025 年 2 月第 1 版
印　　次：2025 年 4 月第 2 次印刷

　　人类是唯一一种如果无法感受到人生的意义就很难活下去的动物，寻找意义是人类特有的一种行为。

　　人类拥有语言这种特殊的工具，不仅可以用它进行细致的交流，还能用它进行思考。最有人性的行为——寻找人生的意义——从思考中诞生了。

　　至少在物质层面、卫生层面，以及重要的信息层面，如今很多人已经解决了各种各样的物资匮乏问题，过上了相当便利和安全的生活。但是，在乍一看物资充足的现代社会，因为感受不到人生的意义而苦恼的人正在急剧增多。

从"温度高"的烦恼到"温度低"的烦恼

　　我作为精神科医生，曾经处理过很多精神方面的问题，比如情感饥渴、有自卑感、不信任他人等混杂着丰富情绪的烦恼，它们主要是一些"温度高"的烦恼。可是最近，越来越多的人开始思考自身存在的意义和人生的意义等方面的问题，而像"不知道自己想做什么"这种往往只能独自默默承受的烦恼就是"温度低"的烦恼。目前，它们已经成为很多人的主要烦恼。

然而，或许是因为此前精神医学领域和心理学领域的专家将重点放在了处理精神病和"温度高"的烦恼方面，所以面对"温度低"的烦恼时，他们往往没办法抓住问题的本质。针对近年来数量剧增的新型抑郁症患者，一部分精神科医生进行了批判性发言，而我认为这正是他们没办法抓住问题本质的典型表现。

或许是因为传统的治疗方法无法解决问题，让精神科医生感到焦躁，所以他们巧妙地偷换概念，巧妙地掩盖自己的无力感，若无其事地说出"这类疾病不值得精神医学领域的专家认真对待，发病的根本原因就是患者意志薄弱"这样的话。然而，这正是心理学中著名的防御机制"酸葡萄效应①"

---

① 酸葡萄效应：来源于《伊索寓言》中的一个故事，故事讲的是一只狐狸想摘葡萄却摘不到，出于懊恼，它坚持认为"葡萄肯定没熟，一定是酸的"。奥地利心理学家弗洛伊德由此提出了"酸葡萄效应"这种心理防御机制。酸葡萄效应指转变认知，将想要却得不到的对象贬低为不值得得到的东西以减轻自己的失落感。

在起作用——为了保护自尊心而贬低所追求目标的价值，这其实是一种扭曲的"合理化"行为。

可麻烦的是，一旦有人顶着专家的头衔提出这种狭隘的观点，大众就很可能把它当成正确的学术理论。于是，不少原本就丧失自信的患者又背负上大众对新型抑郁症的偏见，出现自责心理，精神状况进一步恶化。

如果无法处理好"温度低"的烦恼，精神医学和心理学领域的专家就很有可能被指责名不副实，然而目前只有少数专家在这个问题上敲响警钟。

因为创作《夜与雾》而出名的犹太精神科医生维克多·E.弗兰克尔在其另一部著作《无意义生活之痛苦》（1977年出版）的开头写了下面这段话。

　　任何时代都有相应的神经症，并且任何时代都需要相应的精神疗法。

　　事实上，到了今天，我们并不会与弗洛伊德时代存在的无法满足的性欲对抗，而要与对存在的欲求不满对抗。此外，如今典型的神经症患者已经不会因阿德勒时代重点研究的自卑感而产生太多烦恼，他们在为不可估量的无意义感而烦恼，而且这份无意义感会与空虚感结合，我将它们的结合体称为"存在的真空"。

——《无意义生活之痛苦》 维克多·E.弗兰克尔

我要补充一句，弗洛伊德研究的"压抑"以及阿德勒研究的"人际关系中的烦恼"和"自卑感"在现代社会中并没有消失。弗兰克尔敏锐地发现并指出，随着时代变迁，主要问题逐渐转向存在主义层面。前文中提到的"对存在的欲求不满""不可估量的无意义感"和"空虚感"正是我刚才所说的"温度低"的烦恼。

弗兰克尔 1905 年出生于维也纳。他是犹太人，曾经被纳粹分子送往集中营，有过一段悲惨的经历。不过幸运的是，他最终生还，并在深入研究那段经历后写出了《夜与雾》。

在《夜与雾》里，弗兰克尔揭示了关于人类的非常重要的真相——人类一旦丢失人生的意义，精神就会衰弱，甚至生命本身也会衰弱，最终走向死亡。

他亲眼看到的关于人类的真相绝非只存在于极端恶劣环境造成的特殊情况中，而是普遍的真相，它同样适用于我们这些过着和平生活的人。

弗兰克尔很早以前就提出了重要的问题，但是我们却没有听到他敲响的警钟，直到今天依然将重要的存在主义层面的问题抛在脑后。

"饥饿动机时代"的终结

人在欠缺某种东西时会试图补足，认为只要不再欠缺就会变得幸福。实际上，就算欠缺的得到弥补，人也只能获得短暂的喜悦，不久后就会发现还有其他欠缺的东西，回过神后就会发现自己又陷入了"饥饿"状态。

于是，最初的为了获得幸福而采取的手段在不知不觉中成了目的本身，导致了无休无止的"欲望的恶性循环"。追求经济稳定、追求生活便利同样是将手段当成目的的恶性循环造成的后果，可以说它们正是导致如今经济至上主义和信息过载的原因。

如果将人类在饥饿的驱使下行动的时代称为"饥饿动机时代"，那么我认为，近年来存在主义层面的问题越来越多，正是"饥饿动机时代"正在安静地走向终结的预兆。

极端地说，在饥饿的驱使下行动的人类，其行动原理和虫子等动物的相同——因为肚子饿，所以要寻找食物；因为遇到危险，所以要逃到安全的地方。当然，这些行动原理是所有生物生存的根本，本身并没有错。可是，现代人应该已经不再处于物资绝对匮乏的状态了。如果从"上帝视角"看，就会发现很多现代人依然陷在出自饥饿动机的恶性循环中，贪婪地追求财富和成功，他们的姿态非常滑稽。

可是如今，面临存在主义层面问题的人越来越多，我认为这个现象或许可以说明在不知不觉中，人们物质上的需求已经基本得到了满足，物质已经很难给予我们更多人生的意义了。

那么，过去真正在"饥饿动机时代"生活过的人们是不是依然在饥饿动机的驱使下行动呢？他们之中有没有因为存在主义层面的问题而处于极度痛苦状态的人呢？

当然，在必须积极努力才能获得每天的食物的时代，存在主义层面的问题对很多人来说一定相当遥远。可是那个时代一定和今天一样，存在一些为存在主义层面的问题而苦恼的人。"饥饿动机时代"不仅有幸运地摆脱穷困状态的人，也有就算生活困窘也勇敢地面对存在主义层面问题的人。

寻找人生的意义，夏目漱石一类的"高等游民"

举例来说，夏目漱石就是当时的代表人物之一，他的小说中经常出现能展现出他所面临的存在主义层面问题的人物。

当时，日本人将这类人统称为"高等游民"，这是在日俄战争前出现的说法，指拥有旧制初中以上学历、受过高等教育却没有固定工作的人。他们接受了高等教育，本该成为担负起国家未来的精英，毕业后却由于工作岗位饱和，迟迟无法找到固定工作。在当时，这是严重的社会问题。

这类人学习过先进的文化，摆脱了等级分明的传统封建价值观的束缚，拥有现代的价值观。可以说，现代的价值观必然让他们产生存在主义层面的问题。而且因为他们拥有现代的价值观，文化水平较高，所以统治阶级会将他们当成难对付的人。也就是说，统治阶级害怕这些"高等游民"因为没有工作而产生不满情绪，不知道什么时候就会试图反抗统治阶级，所以将他们视为危险的人。

虽说如此，但在当时的大众眼中，"高等游民"不过是极少数人，影响范围是有限的。可是到了现代，尽管很多人都接受了高等教育，但由于就业形势严峻，"啃老族""自由职业者""穷忙族"等词纷纷出现。也就是说，现代的"高等游民"问题已经不像过去那样只发生在少数人身上，而逐渐成为被全社会广泛认识到的问题，是整个社会的问题。

如今，日本每年自杀者的数量都远超东日本大地震死亡人数；在各类职场中，新型抑郁症患者的数量都在迅速增加。在思考这些现象出现的原因时，人们无论如何都会考虑到经济下行、雇佣关系问题等社会不稳定因素。可是这样的思维方式依然是以"人类在饥饿的驱使下行动"为前提的，没有跳出饥饿动机的影响，只掌握了问题的一个方面。我认为这样的思维方式完全忽略了饥饿动机之后出现的、拥有现代价值观的人们面临的存在主义层面的问题，而这恰恰是更重要的一个方面。

在现代社会中，人们的行动已经不能只靠饥饿驱动了。**那么，在这个需要寻找人类特有的动机的时代，我们究竟应该带着怎样的价值观、朝哪个方向前进才能生存下去呢？**我认为现代的"高等游民"正是最先面对这个根源性问题的人群。

如今，到处都有人煞有介事地讽刺称就算追寻人生的意义也无济于事，这让面临存在主义层面问题的人更加困扰。发表这种言论的人一定是曾经试图寻找过人生的意义，结果却没找到，并且经历了挫折的人。他们在解决存在主义层面问题的过程中遇到了挫折，而挫折让他们放弃了追寻，认为追寻人生的意义没有用处。

只要不放弃，就一定能找到存在主义层面问题的答案，因此，我希望大家不被那些虚无主义言论迷惑。**幸运的是，**

我在临床工作中看到了很多成功摆脱存在主义层面的问题、抓住人生意义的患者神清气爽的模样。那些瞬间令我非常感动，人类重新活出了真正的人类应有的样子，我将其称为"第二次诞生"。

人不再被社会层面的成功和社会常识束缚，能够站在高处俯瞰社会趋势和他人生存的姿态时，一定会面对存在主义层面的问题。为这些问题而苦恼是人类特有的行为，可以说人性就体现在这些问题中。

我敢于正视存在主义层面的问题，在本书中，我研究了谈及存在主义时不可回避的各种问题。在研究过程中，我借鉴了前人的思想。我想，或许能从中找到"现代人的空虚感究竟是什么？"的答案，找到摆脱苦恼的灵感。**此外，本书提到了人生的意义究竟是什么。**我希望本书成为某种路标，为开荒道路上孤独思索着的人们指引方向。

目录

第五章　如何品味生命？

结语

第 一 章

丢失人生意义的现代人

不知道自己想做什么，
只想活得轻松

———

最近，我听到各路媒体发出"年轻一代不知道自己想做什么，没什么特别想做的事情"的声音。而且，向中小学生询问他们的梦想时，有人回答"想活得轻松""只要能轻松生活就好"。实际上，我在接受患者的咨询时，发现越来越多的患者确实出现了相似的问题。

他们的共同之处在于不知道，也没考虑过自己喜欢什么、讨厌什么，他们从小就被父母单方面准备的学习内容和备考内容淹没，没办法表达自己的好恶，有被动接受教育的经历。

尽管如此，可一旦到了需要选择未来道路和职业的时期，身边的人就会突然问他们"想做什么？""未来的梦想是什么？"等。听到这些问题，他们当然什么都想不到，只会不知所措。

人是从表达好恶开始展现自我的。不过，在表达好恶方面，先出现的不是喜欢，而是讨厌，也就是说人会从"拒绝"（如说出"不"）开始表达。

因此，两三岁的孩子"对什么事情都说'不'"的表现就是他们在展现自我。孩子在这个时期的反抗表现为：父母对孩子说"快吃饭"的时候，孩子会说"不"；父母对孩子说"不吃也可以"的时候孩子也会说"不"。在父母眼里这样的孩子确实脾气古怪。可是，这些拒绝包含着孩子认真的主张，就是"不要命令我！"。

只有确保自己具有独立性，才能开始自然而然地展现自我。就算对方是养育自己的人，如果自己处于"被支配"的状态，也绝对无法表达自由意志。于是，孩子通过说"不"来反抗，发起"独立运动"，保护自己的"领地"。这是人建立自我的基础。在此之后，人才有可能表达自己想做什么、喜欢什么、希望将来成为什么样的人，这是建立自我的顺序。

可是，被父母以"为了你好"的名义束缚又无法拒绝的孩子，只有放弃独立性才能生存下去，对他们来说，"表达好恶"这个建立自我的重要基础被"封印"了。

　　对"自我"这个萌芽被摘除后长大的人来说，需要竭尽全力才能实现的小小愿望就是不要继续被强迫，至少将麻烦的事情减至最少，过上轻松一些的生活。

新型抑郁症的病源
是"失去自我"
——

　　被动地做父母和社会要求完成的事情，不考虑自己人生的意义，如行尸走肉般度过每一天——这种缺乏真实感的生活方式在某种程度上是可以实现的。可是，人性的内核不会允许这种情况一直持续下去，我们无法长期忍受这种生活方式。

　　尽管存在个体差异，但当人们的忍耐度到达极限时，人们的精神就会与和它难以分离的身体合作，发出某种信号，如失去食欲、对各种事情失去兴趣、总是生气、失眠、工作中的低级失误增加等。

　　如果依然无视这些信号，那么精神和身体就会罢工。例如，某天早上，你突然起不来床，无法去公司（或学校）。这就是开始陷入抑郁状态的表现。

近年来，诊断抑郁症的主流方法是对照诊断标准上列出的各个项目来进行判定。因此，只要抑郁状态达到一定的程度，就会被确诊为抑郁症，很多医生并不会去探寻内在的本质问题。实际上，抑郁症包括各种各样的情况。

在根据诊断标准进行判定的方法出现之前，过去被称为抑郁症（俗称古典抑郁症）的疾病指必须接受药物治疗及住院治疗的严重疾病，但近年来，抑郁症的症状和病情及主要成因不一定和过去的一致。

其中很多患者出现了新型抑郁症的症状，有些患者在工作和学习方面出现了障碍，但是其他事情都能正常完成。因此，不仅患者身边的人，就连医生都会怀疑患者在装病，有不少患者因此受到了不恰当的对待。

然而，怀疑患者在装病是完全错误的做法，医生只要认真听患者倾诉，就会发现这些患者的症状和古典抑郁症患者的症状大相径庭，这两种抑郁症基本病理完全不同，患者的苦恼也大不相同。

这些患者在成长过程中，往往有一段在各种各样的事情上被掐掉"自我"这个萌芽的历史。因此，他们看似生活顺遂，其实缺乏生存的动力，活得像机器人一样。

当一切顺利时，他们和他们身边的人都不认为有什么问题；然而他们的人生轨道上一旦出现了"小石子"之类的障碍物，他们就没办法轻松前进了。也就是说，他们原本是在别人的推动下凭借惯性前进的，一旦遇到阻碍，就算周围的人激励他们"这点儿困难你能够克服"，他们依然找不到前进的动力，动弹不得。此时，他们才会发现自己缺乏生存的动力，因而陷入抑郁状态。

缺乏生存的动力是由"没有自我"引发的，就算突然被问到想做什么、讨厌什么，"自我"也无法做出任何回答。因为患者长时间被禁止说"不"，听不到"自我"发出的声音，所以被压抑的"自我"就放弃了提出主张，渐渐陷入沉默。

面对在这样的背景下出现的抑郁状态，医生在为患者治疗时必须非常有耐心，从存在主义层面进行研究。因此，无论进行怎样的药物治疗，对此类患者来说都像是给启动装置出问题的机器人加燃料或助燃剂，从原理上说，并不会产生效果。

近年来，认知行为疗法逐渐成为治疗抑郁症的主流疗法，但这种疗法只能从理性层面讲道理，试图修正患者的认知偏差和思维偏差，是遵循实用主义的治疗方法，所以无法引起患者深层的存在主义层面的变化，它也并非以此为目的。

此外，为了让患者复工，复工心理指导逐渐成为医生推荐的疗法，但复工心理指导的目的只是让患者在停职的空白期提升工作能力、学习人际交往技巧，而无法为解决患者自身的存在主义层面的问题做出任何贡献。

这些疗法的目的不过是让患者重新适应原来的环境，甚至可以说，这些疗法的目的是训练患者，让患者找回那个不追寻人生的意义的过去的自己。

可是，追寻人生的意义是人类灵魂深处必然渴求的，无论进行怎样的练习，人都无法回到过去不追寻人生意义的状态。当然，这不是只要换工作就能解决的简单问题。

有可能解决问题的方法只有一个，那就是正面接受患者对人生意义的追寻，不要放弃患者，支持患者直到他找到属于自己的人生意义。

可是，人在独立性遭到剥夺的状态下，很难凭借自己的力量找到人生意义。在追求人生意义之前，必须让能够感知到意义的主体——自我——复活。

最好的治疗方法是用恰当的方法引导、帮助患者完成上述这项艰巨的任务。可是，只有自身为存在主义层面的问题而苦恼、会考虑到深层问题的医生，才能掌握这种治疗方法。医生如果没有与患者相似的经历，那么无论从业多久都很难引导患者。

向有用、简单易懂
和有趣倾斜

————

前文中提到了精神疗法中的认知行为疗法崛起，我认为认知行为疗法将立竿见影的治疗效果奉为最高价值，这是现代的病态观念的典型表现。

为了配合社会的节奏，我们会在不知不觉中性急地追求"有用"，目光短浅地倾向于选择效果立竿见影的方法。举例来说，大型公司的首席执行官（CEO）需要在时间有限的任期内，选择预计能在短期内赢利的管理方式，哪怕从长远来看会对公司造成负面影响。

当然，从公司管理方面来说，这个问题会给管理层带来困扰。如果在人身上追求迅速产生变化和获得成果，就会带来严重的问题。

如果把人当成生产机器，依据成果赋予人价值，那么人的精神将失去深度，堕落为没有灵魂的"机器人"。如果精神变得浅薄，人就会失去独立性，甚至失去追求人生意义的余力，每天在义务的逼迫下，为了获得普通的人生而汲汲营营地生活。

孩子能凭借感知力敏锐地感觉到，以父母和老师为代表的成年人是否在度过空虚的人生。哪怕成年人打着"为了你的将来考虑"这种冠冕堂皇的旗号教导孩子勤奋、认真学习、努力练习某种才艺，孩子也会打心底里对人生感到失望，觉得"我做了这么多事，最终还是只能过上那样的日子"，所以这些成年人的教导毫无说服力。

此外，在现代市场经济中，能立刻派上用场就相当于畅销，而要想产品畅销，就要以有用、简单易懂和有趣为卖点。可是，这种结果导致就连本来应该有深度、高品质的产品也开始变得幼稚、陈腐。这样的事情随处可见，我认为这是一个严重的问题。

举例来说，你打开电视就会发现，电视中开始出现由大量搞笑艺人共同出演的综艺节目，这些节目没有经过深思熟虑的企划，而更多依赖搞笑艺人的即兴表演。某些电视频道大量播放保健品和日用品促销的购物节目，仿佛不知道该如何填满播放时段。我认为从这种现象中同样可以看到电视节目制作团队的现状，他们本应该花时间认真打磨节目企划。

书店里，书架上是一排排以内容简单易懂为卖点的各类科普书，它们几乎都是标题古怪吸睛、实际内容单薄的书。图书在内容质量方面越来越像周刊，这是只追求短时间内的销售量导致的。

可是，就算向创作者询问有关作品质量下降的问题，他们的回答恐怕也都是"无论原因是什么，有人看才是最重要的""最重要的是让读者把书买下来"。

当然，我能理解创作者无法忽视上述情况，但是他们在不得不迎合市场经济的特质、不情不愿地妥协的过程中，会不会忘记自己的初心，陷入"将手段当成目的、只图方便"的深深的陷阱呢？

媒体的幼稚化和陈腐化有接地气的一面，从文化启蒙的角度说，这确实具有一定的意义。但是，追求品质优良、有深度的内容的人会感到深深的失望。如今，很多人远离电视节目、远离书籍，作品隐藏的质量问题不容忽视。

可是，创作者往往会从这一现象中得出正好相反的结论，向着完全相反的方向前进。也就是说，他们一心认为人们远离电视节目、远离书籍是因为内容不够简单易懂、不够有趣，于是产出了大量内容更加浅薄的作品，陷入了恶性循环。

不过，近年来，综艺节目逐渐开始在搞笑的内容中加入知识性要素，还出现了能满足观众对学术领域的好奇心的综艺节目。这样的电视节目刚一播出，有相关内容的图书就畅销，我认为这种现象同样能够说明人们多么渴望看到高品质的作品。

也就是说，对高品质作品的极度渴望早已不仅仅出现在极小部分懂得内省的人身上，而已经达到了社会整体层面能够感知到的水平。

消费型社会孕育出的
"被动的人"

———

1971 年，活跃在美国的精神分析学家艾瑞克·弗洛姆在生命的最后几年里回到他的祖国德国，在广播演讲中提到了"被动的人"。在广播演讲中，弗洛姆说出了下面这番话。

一个被压迫着的人会感到自己的内心是空虚的，感到自己像瘫痪了一样，需要挂着拐杖才能行动。他身上好像有一个开关没有打开。他如果此时去消费，那些空虚、瘫痪和无力的感觉就会暂时消失。这时他会感到"我到底还是个活人，你看，我吃了一些东西，我不再是虚无的了"。他需要填充一些东西来驱散内心的空虚，他觉得自己微乎其微，只有消费能抑制这个念头。他成了一个消费人，一个被动的人。

…………

单纯对刺激产生反应的"积极"，以及外表热情实际上受外力驱动的"积极"，无论反应多么剧烈，基本上还是被动的。

——《生命之爱》 艾瑞克·弗洛姆

弗洛姆在这里使用了"被动的人"这个说法，但是这里的"被动"和平时我们所说的"被动"在用法上存在决定性差异。也就是说，消费型社会中诞生了无论表面上看起来多么积极、多么富有活力，但实际上只是为了掩饰内心空虚的行为。根据外界注入的需求趋势做出的行为，其本质依然是"被动"的。

消费主义在我们感到空虚时趁虚而入，孕育出了多种多样的被动形态，比如我们比较了解的酒精成瘾、药物成瘾、赌博成瘾等成瘾症。但问题绝对不仅如此。

类似的问题还有：必须不断购物才能感到满足；总觉得缺了些什么；就算不饿也要不断进食；希望休息日过得有意义，将时间花在了休闲娱乐项目上；因为不希望日程表上出现空白，所以要填满每个时间段；就连通勤时间也不想浪费，要看经济类报纸以掌握经济形势，或者学习、提升语言技能；为了不陷入孤独，总是通过推特、电子邮件等网络工具与他人保持联系；在家里总是开着电视，哪怕自己根本不看；为了打发时间而不停地玩游戏或上网。

这些都是我们为了避免直面内心的空虚，不知不觉中可能做出的被动行为。现代人很容易从空白、浪费和无声中真切感受到空虚，所以为了避免感受到空虚，人们制造出了各种各样的工具，并且趋之若鹜。

学校会大力奖励"开朗、愿意和各种各样的人交流""有意义地度过每一天""把时间用在自我成长上"等行为，可是如果这些行为背后隐藏的动机是逃避空虚，那么这些行为也不过是被动行为。

我们已经适应了被动行为，在不知不觉间不再擅长安静地面对自己的内心。在日本大正时代，森田正马提出的森田疗法①要求患者在治疗一开始要度过为期一周的绝对卧床期，禁止患者与任何人交流，禁止患者做一切会扰乱心绪的事，患者只能面对自我。对"被动"的现代人来说，这个过程恐怕会伴随着巨大的痛苦，是相当困难的。近年来，断食疗法

---

① 森田疗法：森田正马提出的疗法，目标是让各种神经症患者达到"顺其自然、为所当为"的状态，这种疗法的根本来自佛教的思想精神。

受到部分患者的好评，这或许说明人们已经开始感知到不仅要重塑身体，还要像度过绝对卧床期那样重塑心灵。

人一旦陷入被动状态，就会渴望能够填补空虚和空白的东西，也就是有用、简单易懂、有趣的东西，然而这些东西带来的不过是逃避内心空虚的替代性满足，会导致人对"质"不满足。"代餐"毕竟不是人内心真正需要的东西，因此无法带来真正的满足。

我们的头脑对"质"感到不满后，会焦急地用"量"来弥补，结果往往只有"量"在无限增大。这就是成瘾症的根本成因。

也就是说，陷入被动的现代人很容易被能提供替代性满足的物质和行为诱惑，而且容易沉溺其中，陷入成瘾状态。

"真品"
在哪里？

————

在现代人容易沉溺于替代性满足的背后，历史原因也产生了重大的影响。

物质丰富和高度信息化都是重要原因，但我认为，除此之外，21世纪"质"的堕落和人们对20世纪下半叶的某些思潮的反抗有关。

20世纪下半叶产生了现代思想、现代音乐、现代美术、现代戏剧、现代文学、现代建筑等进步思潮。可是这些思潮的副作用正是在之后的时代出现的反抗，也就是如今"质"的堕落。

20世纪，科学技术飞速发展，于是人们陶醉于社会生机勃勃的进步，对理性的力量产生了过度的信任，认定新颖的、复杂的东西就是好的，这种想法很轻易地在社会上蔓延。

在现代思想领域有一种显著的倾向：重视难以理解的言论，认为越复杂的东西包含的道理越深奥。

以精神分析学为例，法国精神分析学家雅克·拉康的思想在日本曾经风靡一时。当时的日本人盲目相信外来学说的特性与雅克·拉康思想的复杂性相辅相成，于是拉康学说的信徒不断增多，市面上出现了大量被翻译成日文但并不通顺的雅克·拉康的作品，但是因为原作本身就难以理解，所以译作不通顺并没有被当成一个问题。在相关学术会议上，拉康学派人士演讲的会场的氛围如同新兴宗教教徒集会般狂热，人们激烈讨论，仿佛在比拼谁的话更难理解。让雅克·拉康的理论变得更难理解的，是理论发展过程中出现的像高等数学公式一样复杂难懂的公式。近年来，对这些公式的宣传遭到了数学家的强烈抗议，他们认为它们都是无稽之谈。

在现代音乐领域，作曲家也纷纷积极地投身"发明"，思考如何破坏音调的和谐、如何通过排列音符奏出不优美的旋律，在乐器的演奏上也专注地使用特殊的演奏方式，拼命钻研如何发出不美妙的声音，比如摩擦钢琴内部的弦，或者在钢琴线之间放螺丝和橡皮，从而使钢琴发出奇怪的声音。

甚至有演奏者坐在钢琴前4分33秒却完全不触碰钢琴，并表示"在这段时间内进入耳朵的杂音就是音乐"。

有一些被音乐吸引、好不容易进入音乐学院、希望成为作曲家的学生也被"不可以创作美妙的音乐"这个说法束缚，被迫学习破坏音调和谐的作曲方法——任何人用那些作曲方法都能"创作"音乐，并专注地"发明"让听众大吃一惊的曲子。

某位现代作曲家曾立下豪言壮语："我为即将到来的智慧作曲。"还有一位作曲家在去世前，躺在病床上流着泪后悔地说："其实我想写出像巴赫的作品那样优美的乐曲。"这个小故事和日本传统曲艺——落语中的一个经典段子的引子简直一模一样。那个引子讲的是一个精通荞麦面品鉴的江户人，吃荞麦面的时候几乎不蘸酱汁，他在死前留下了一句话："哪怕只有一次也好，我想在吃荞麦面的时候尽情蘸酱汁啊。"

现代美术领域也出现过类似的情况。依靠提出令人耳目一新的观点来一决胜负的情景，就如同现在的专利竞争。举例来说，创作者直接在展览上展出一个马桶，说"它展现的是'现成品'（readymade）的概念"，那么他就成了"现成品第一人"。这就是"概念艺术"（conceptual art），创作者必须吹嘘自己的作品具有某种概念，这确实是一种奇怪的艺术表达形式。

现代建筑领域也出现了不惜牺牲居住舒适度，也要强调新颖的设计和概念的例子——无论住户抱怨过多少次房子里太冷，设计师只要说"啊呀，这座建筑的设计概念是与大自然共生"就能蒙混过关。

这股独特的风潮在 20 世纪下半叶以"现代○○"的名义蔓延。就像《皇帝的新装》中人们无法喊出"他没穿衣服"一样，你即使喊出"他没穿衣服"之类的话，也很有可能被人嘲笑不懂那件作品的优秀之处。

文化水平越高的人，越不会瞧不起自己不懂的东西，他们会谦虚地花时间分辨真伪，"现代○○"中有不少作品狡猾且巧妙地利用了文化水平高的人的这份谦虚。

当然，我并不认为所有"现代○○"都毫无意义。这股潮流重新审视了以前被认为理所当然的逻辑，本质上确实具有意义深远的怀疑精神，包含着对"不带有任何批判精神、依赖已经存在的逻辑来发展"这件事本身的质询和反对。而且让"现代○○"诞生的目标之一，是发现按照过去的逻辑没能发现的美和真实。实际上，确实有很多出色的作品实现了这一目标。

可是，在很多事情上，行动都会渐渐偏离本质。不知从什么时候开始，人们陷入了"手段变成目的本身"的陷阱，我认为这些"现代○○"正是陷入了同样的陷阱。

活跃在 20 世纪下半叶的作家米切尔·恩德留下了一篇充满讽刺色彩的随笔。

你如果希望在现代艺术界尽快成名，获得市场价值，那么最重要的事情是遵守以下三项规则。

第一，时刻牢记你生活在媒体的世界里。你在决定要成为哪个艺术领域的天才前，要考虑你的穿着打扮——而且要认真考虑，因为你可能需要在好几年时间里从早到晚保持同样风格的打扮。你的穿着打扮会成为你的商标，这是当今社会充满与众不同的产品的市场上的必需品。……其中相当重要的一点是，你的穿着打扮要给人一种"不舒服的感觉"。舒服？这种感觉肯定不行！"不舒服的感觉"能告诉别人你是个才华横溢的人物。……

第二，必须在表达艺术和文化理论上投入一定的精力。此时需要注意，与你正在做的事情相比，你做这件事的依据更重要，因为这是大众唯一能够讨论的内容。你的"表达"要简短、容易理解，因为一般情况下电视和广播里的文化类节目都要求答题者在 3 分钟之内回答问题。但是，你的表达水平必须略高于市民的平均文化水平。因为略有文化的市民往往活在自己的认知里，看不起所有人，所以最好不要说得太明白。你使用的词语可以只针对小范围的受众，但同时要能够让受众认为你的概念是在不断进步的，是具有批判性的。

第三，很遗憾，你不能完全没有"作品"，你的作品在艺术市场上会产生价值，哪怕只是为了这一点，你也要拿出作品，不过这是最不需要担心的一点。……因为作品可能只需要是你穿破的裤子、出故障的冰箱甚至你的趾甲之类的东西。

——《恩德的便签盒》　米切尔·恩德

不过，进入 21 世纪以来，像"皇帝的新装"一样的"现代○○"开始走下坡路，渐渐销声匿迹。

在世界经济逐渐发展的过程中，摆出称赞"皇帝的新装"的态度的思潮渐渐落后于时代，开始衰退。与此同时，反抗"现代○○"的风潮在世界范围内迅速蔓延。我认为这就是现代价值观向有用、简单易懂和有趣过度倾斜的背景。

可是，反抗往往会导致发展走向另一个极端。社会思潮从推崇艰涩难懂的内容一口气转向只接受能立刻轻易理解的内容，在这个过程中，一些要求人们拥有一定的"咀嚼能力"才能"消化"的内容变得不再被人们接受，哪怕它们是优质的内容。

虽然发生了从艰涩难懂到简单易懂、从一个极端到另一个极端的转变，但本质问题依然是放弃"质"。

也就是说，"艰涩难懂"和"简单易懂"都不过是头脑进行理性判断得到的结果，头脑擅长从"量"的方面进行比较；而从重要的"质"上进行判断，也就是判断一件物品是真品还是赝品，是由负责动物本能的内心和身体进行的。在"现代○○"中也有"真品"，而在现代"简单易懂"的内容中同样有"赝品"。也就是说，从理性层面判断事物"艰涩难懂"还是"简单易懂"很可能出错。

"无聊的外行人"
的时代

————

倾向于靠头脑进行判断的人容易落入一个陷阱，那就是不针对作品本身进行判断，而被间接信息迷惑。例如，根据一个人的经历进行判断，因为他是某场比赛的冠军；根据知名度进行判断，因为一款产品畅销、因为某人经常出现在电视节目中。这些都是严重扰乱人们对作品本身的判断的重要因素。

不少人认为，曾经在比赛中获得过好成绩的人得到了专家的高度评价，一定是很优秀的人。可是我们必须明白，所有间接信息都是不可信的。

夏目漱石有一篇名为"外行人与内行人"的文章（收录于《我的个人主义》中），他在其中斩钉截铁地告诫读者不要为专家的判断所迷惑。

良宽上人①素来厌恶诗人的诗和书法家的字。说到诗人的诗、书法家的字，这本来就是他们的专业，因此并没有那么出彩。良宽上人讨厌这些作品，是因为他不喜欢内行人的技巧，而喜欢外行人纯粹而自然的品格。外行人内心纯洁、充满活力，他们的作品中隐藏着尚未变得老奸巨猾的尊严，而没有毫无内涵、只知道玩弄技巧的恶毒，也没有看似精巧，实则充满了单薄的令人不快的东西。因此，我必须说的是，外行人就算没有藏拙的技巧，也比内行人更胜一筹。能够认真表达自己的需求，是艺术创作主体最应该具备的条件。……

　　外行人本来就欠缺对细节的研究，相对地，他们能更鲜明地捕捉到整体轮廓，而内行人只会像金鱼一样在整体轮廓里嘴巴一张一合地漂浮着。从一眼把握艺术整体的能力上说，外行人绝对比糜烂的内行人眼睛更加明亮、更加朝气蓬勃。就像只有在远离富士山的时候才能清晰地看到富士山的全貌。

——《我的个人主义》 夏目漱石

---

① 良宽上人：日本曹洞宗高僧、书法家。——编者注

上一节提到的"现代〇〇"席卷世界的情况同样是由于内行人看不清大局，全凭头脑判断，结果在先锋化的道路上失控。可是，真正优质的内容应该是外行人也能理解的。就像夏目漱石说的那样，外行人因为没有奇怪的先入为主的观念，反而能做出公平的判断。

不过，夏目漱石所说的"外行人"指能自由发挥内心纯粹情感的人。就算是外行人，如果受到间接信息的影响，轻易靠头脑做出"明白"或"不明白"、"知道"或"不知道"等判断，那么这些外行人的判断也绝对不值得信任。夏目漱石将这种人称为"无聊的外行人"，他断言"如果成为无聊的外行人，就会看不清局部和整体轮廓，并因此只能局限在自己的想法里"。

"无聊的外行人"的精神世界是封闭的，他们不在意优秀的未知事物的价值，容易被主流媒体煽动，符合村社①居民的典型形象。他们价值观狭隘，看到不符合自己习惯、超出自己熟悉范畴的事物就会认为其没有价值；他们面对未知的事物及自己无法战胜的事物时，为了避免自己受到威胁，会同时展现出贬低该事物价值的顽固性和轻易盲目相信现有

---

① 村社：以单一村庄为单位构成的社会组织形式，采用的是一种在村镇范围内实现内部事务自治、不受外部干预的社会组织形式。——译者注

权威与被操控的信息的灵活性，这两种特性都很难克服。

顺带一提，最近这些"无聊的外行人"也完美地跟上了"艰涩难懂的内容正在走下坡路"的风潮，越来越多的人利用巧妙的表达方式，嘴上谦虚地说着"啊呀，这个对我来说太难了……"，实则贬低了被评价对象。

我在前文中已经提到，对过去趁着"现代○○"的风潮渗透人心的艰涩难懂的内容的不信任导致了人们的反抗，人们又过度倾向于选择简单易懂的内容，换句话说，人们越来越不信任内行人，导致外行人更有活力。

我认为这个趋势本身在某种意义上是有价值的，但讽刺的是，这个趋势同样会使那群"无聊的外行人"错误的自信增强。再加上营销原理浅薄，就造成了只有简单易懂、滑稽空洞的内容得到量产的后果。于是，"无聊的外行人"狭隘的意见充斥在整个社会中。

这种情况导致我们这些现代人置身于很难遇到"真品"的环境中，或许可以说，在这样的环境中，我们感到空虚和无聊才是理所当然的。

"充足的空虚"
指存在主义层面的欲求不满

———

人毕竟是一种动物，会希望优先解决饥饿问题。可是，人在对食物的需求得到某种程度的满足后，就会希望满足安全需求、社交需求和被尊重的需求，最后，人会追求最高层次的"自我价值的实现"。

这就是心理学家马斯洛提出的"需求层次理论"。弗兰克尔指出，人们的需求并不一定会按照该理论中的顺序排列。

众所周知，马斯洛对人的需求做出了层次区分，他认为满足低层次的需求后，人们才会追求高层次的需求。他将"追求人生的意义"放在了高层次的需求中，甚至进一步将"追求人生的意义"看作"人类的原始动机"。人类对人生意义的追求确实建立在衣食无忧的基础上（"仓廪实而知礼节"）。可是我们——尤其是精神科医生们——有机会一次又一次观察到人在身心状态最糟糕的情况下反而燃起了对人生意义的追求，这一现象与马斯洛的理论相对立。我的那些曾在死亡边缘徘徊的患者，以及集中营和俘虏营的幸存者都能够证明这一点！

——《无意义生活之痛苦》 维克多·E.弗兰克尔

上述内容有些复杂，我来为大家讲解一下。弗兰克尔认为马斯洛将追求人生的意义作为"高层次的需求"的观点是值得肯定的，但他并不赞同马斯洛提出的"人只有在满足了低层次的需求后才会追求高层次的需求"的观点。弗兰克尔既是一名精神科医生，又是一名集中营的幸存者，他认为这种想法不符合事实。也就是说，弗兰克尔认为人就算处于低层次的需求没有被满足的极端状态下，同样会，甚至会因此更加强烈地追求高层次的需求，也就是人生的意义。

关于这个问题，与其单纯地选择谁对谁错，我认为更恰当的方法是认为二者都展现出了人类真实的一面。

事实上，有不少人像马斯洛所说的那样，经历了从满足低层次需求到满足高层次需求的阶段，才开始思考人生的意义。但是，我也见过不少即使低层次的需求没有得到满足，也将追求人生的意义放在最优先的位置上的人。

因此，准确地说，既有按照从低到高的顺序——满足需求后才开始追求人生的意义的人，也有在低层次的需求没有得到满足的情况下就追求人生的意义的人。我认为区别来自一个人是否拥有与生俱来的内省能力。

根据以下内容思考这个问题，或许能够将其梳理得非常清楚。

人在专注地满足低层次的需求时，会误以为满足低层次的需求就是人生的意义，所以在此阶段不会追求真正的"人生的意义"。可是当人陷入绝望、明白低层次的需求无法得到满足时，或者在低层次的需求已经得到满足的情况下，反而不会关注低层次的需求，从而能够看到有关自身生死的问题，也就是"知道人生是有限的"。于是，存在主义层面的问题——"我为什么而活？"就会出现。

"中年危机"
年轻化

————

    分析心理学的创始人卡尔·荣格认为人容易遭遇精神危机的时期有三个，分别是青年时期、中年时期和老年时期。

    青年时期的危机从人进入预期社会化阶段开始，此时人会出现各种各样的问题，也就是职业选择和即将成立家庭等有关实现"社会性自我"的苦恼。中年时期的危机出现在人已经在某种程度上实现了"社会性自我"，即将进入人生后半程的时候，人的脑海中会出现深刻的疑问——"我究竟有没有活出自己的样子？""我的人生按照现在的方向继续走下去究竟对不对？""我活着的目标（使命）究竟是什么？"……这些问题超出了社会化层面，是人在面对作为个体存在的自己时产生的存在主义层面的问题。人到中年，会意识到年轻时重视的

"社会"和"自我"不一定能够带来真正的幸福，那不过是自己的执念而已。于是，他们开始追求作为一个人生存的意义。

通常情况下，"中年危机"如字面意思所示，会出现在中年时期，也就是45~65岁。但是近年来，我感觉"中年危机"出现在了20多岁的年轻人身上，呈现出了年轻化的趋势。我甚至偶尔看到在20岁前出现"中年危机"的案例。

为什么会出现"中年危机"年轻化的趋势呢？我认为原因之一就是实现"社会性自我"变得空虚。

随着社会信息化程度的提高，年轻人早早就会发现成年人表现出的"社会上的自我"，也就是"功能性自我"本质上有多么空虚，因此他们无法像上一代人一样乐观、充满希望地描绘未来蓝图，也很难天真无邪地追求梦想。无论物质是否匮乏，以"饥饿动机"为原动力，一心为实现"社会性自我"而努力生活对年轻人来说都是不符合时代潮流的事。

因此，如今的年轻人或许并没有青年时期的危机，却迎来了中年时期的危机，和中年人面对性质相同的问题。也就是说，与将来要做什么工作、如何实现"社会性自我"相比，对更深层的存在主义层面问题的追求，成为如今的年轻人面临的更切实的问题。

当然，如今的年轻人到了一定年龄，同样要为前途和就业问题而苦恼，这一点和过去没有区别，可是让他们苦恼的东西与过去相比已经发生了本质上的变化。

过去，让年轻人苦恼的大多是"我无法成为自己想要成为的样子""我无法去做自己想做的工作"；而近年来，让年轻人苦恼的东西变成了"我不知道自己想做什么""可以的话，我不想做麻烦的事情，如果非做不可，那么做什么比较好？""为什么人必须工作？"等。

很多在"饥饿动机"驱使下生活的成年人能够想办法解决生存问题，但无法回答"为什么人必须工作？"这个问题，因为他们从来没有面对过这样的问题。

在这种情况下，在"饥饿动机"驱使下生活的人往往会对年轻人说出近乎恫吓的话，比如"最重要的是能吃饱饭""你们都得了富贵病""不工作就没饭吃""人当然要工作"等。可是，这些话不仅无法回答"为什么人必须工作？"这个问题，还暴露出"在'饥饿动机'的驱使下生活的人停止思考"这个事实，完全没有说服力。

现实情况是，这种价值观的错位不仅发生在亲子之间，还发生在学校、职场等各种各样的场景中。我在临床治疗中也经常听到患者感叹"别人听不懂我说的话"，同样，这种情况大多是由价值观不同造成的。

什么是
现代人"内心的饥渴"？

——

可以说，如今这个时代正处于混乱状态，持续很久的"饥饿动机"的残渣与"充足的空虚"混合着。在这样的时代中，人们感觉到的"饥渴"究竟是什么呢？

从前，我在大学和专科学校教授精神医学和心理学的科目时，经常提到"爱与欲望"这个话题。我认为在研究"人类是什么？"的过程中，"爱与欲望"这个话题是绝对无法略过的。

我的同事们担心，对学生来说，这个问题太富有哲学性，而且应用性很强，或许学生很难理解。但是与同事们的预想相反，学生们的反应非常活跃。

因为这个主题富有哲学性，所以课堂讨论的内容确实会延伸到哲学性话题，就连平时上课漫不经心的学生也对有关这个主题的内容很感兴趣。因此，我认为学生们非常渴望看到能够正面讨论存在主义层面问题的成年人。

现在的很多学校不知道从什么时候开始，为了培养对社会有用的人，将"教授学生如何派上用场"而非"传道授业"当成了主要使命，或许这些学校已经没有余力教授学生如何解决存在主义层面的问题了。可是，无论是有意的还是无意的，学生心里都依然潜藏着热情，想要了解和思考存在主义层面的问题。

对存在主义层面的问题充满热情这个现象不仅出现在年轻的学生群体中。我在面对普通民众进行演讲、举小讲座的时候，发现有越来越多的人希望听到有关存在主义层面问题的内容，大家都非常热情地提问。

因为教育机构、出版界、大众媒体等由于前文中提到的种种原因，很容易倾向于发布有用、有趣、简单易懂的内容，所以我深深地感觉到现在很多人对从正面思考存在主义层面的问题和了解有深度的内容抱有潜在的、强烈的"饥渴"态度。

最近我的几场演讲，内容有关闭门不出和自杀等问题，讨论的是"人为什么活着？""什么是工作？""人生的意义是什么？"等主题。听众仿佛抓住了救命稻草，每个人都在寻求有助于解决存在主义层面问题的启示。我再次从听众的热情中深切感受到他们的"饥渴"非同寻常。

在下一章里，我会在讨论人生意义的基础上，尝试讨论无论如何都无法避免的关于工作的问题。

在讨论"工作"这一话题时，人们往往会一步跨越到"该如何工作？""该从事什么样的工作？"之类的问题。**可是，我认为在此之前，有必要认真思考一下根本问题，那就是"什么是工作？"。**

你如果不明白工作的意义，只是盲目地投入工作，就会堕落为弗洛姆口中的"被动的人"，最终成为一名"消费人"，在想办法消解自己的空虚感中度过每一天。

存在主义层面的问题往往被嘲笑是形而上的，面临这类问题的人有陷入虚无缥缈的抽象论的危险。可是思考工作这件事本就具有重要的意义，能使我们的存在与现世、现实紧密相连。

第 二 章

现代的"高等游民"
在与什么战斗？

夏目漱石的《从此以后》中
"父亲的说教"

———

　　老人说："人总不能光为自己打算，也要想想社会，想想国家。丝毫不为别人做点儿什么的人，心情也不会好。你成天这样游游荡荡，怎么会有舒畅的时候。……"

　　"是的。"代助回答。每当听父亲说教时，他都懒得认真回答，只想应付过去了事。代助认为父亲的想法毫无意义，因为父亲往往在事情做了一半的时候就随便做结论、下定义。在父亲口中今天这件事是利他的，说不定什么时候这件事就变成利己的了。父亲说起话来滔滔不绝，一副冠冕堂皇的样子，然而说的都是些不得要领的空谈，想要彻底打破他的观点，是异常艰难的事情，所以父子间的谈话总是不了了之。

——《从此以后》 夏目漱石

这是夏目漱石的小说《从此以后》中有关主人公代助的父亲千篇一律的说教的内容。父亲要代助找份工作来做，小说详细地描述了代助在听父亲说教时的心理活动。

代助是夏目漱石小说中的"高等游民"的代表人物。

父亲告诉代助"人活在世上，应该为别人做些事情"。乍看上去父亲的做法是鼓励代助选择利他的生活方式，而代助早已看透了父亲，知道这番话的背后不过是利己的"饥饿动机"在起作用，于是对父亲的想法持批判态度。

可是，代助并没有故意与父亲起冲突，而选择了敷衍地接受父亲的观点，尽量不提自己的想法。小说准确地描写出了"高等游民"的特征——面对价值观上的绝对分歧时，他们不会选择直接对抗，而会选择敷衍对方。

"三十岁了，还整天游游荡荡、无所事事，总是不太光彩的吧。"

代助绝不想过游手好闲的日子，他只是在考虑那些不为寻找工作而苦恼、有着充裕时间的"上等人"同自己的差别。每逢父亲谈到这件事,代助就会感到难过。毕竟他度过了有意义的岁月,他的努力正要在思想情操上开花结果。然而关于这一点,在父亲幼稚的头脑里没有得到丝毫反映。

——《从此以后》 夏目漱石

代助继续听父亲说教,并在心里喃喃自语。他看不起父亲,甚至可以说代助是傲慢的,这里其实是他真实的自我的体现。

父亲对他进行了一番说教,搬出的理由说到底还是"不太光彩",是面子问题。代助认为工作会玷污自身的某种东西,因此一直犹豫是否要工作。他认为父亲的价值观实在太流于表面、太世俗了。父子间价值观的巨大差异在这段文字里一览无余,因此代助认为父亲头脑幼稚也不是不能理解的。

之后,代助与旧友平冈重逢,两人也有一段关于工作的讨论。

"你不愁钱用,生活上也没有困难,所以你不想工作。总之,公子哥儿嘛,净爱讲些漂亮话……"

代助听了略微激愤，他突然出声打断了对方："我当然可以工作，但是工作必须摆脱生活至上的概念，这才是光荣的。一切神圣的劳力都不是为了面包。"

…………

"也就是说，单纯为了吃饭而工作，是很难做到真心实意的。"

"你和我想法正相反，因为要吃饭，所以才拼命地工作嘛。"

"也许能够做到拼命工作，但是做到真心热爱工作很难呀！你说为了吃饭而工作，那么吃饭和工作究竟哪个才是目的呢？"

"当然是吃饭啰。"

"照这么说，吃饭是目的，无论工作好与坏，有饭吃就行，也别管工作内容或怎么工作，只要有饭吃就好，对吗？如果工作的内容、方法乃至顺序都受到外界的制约，那么这种工作就是堕落的工作。"

——《从此以后》 夏目漱石

在这段对话中，平冈直截了当地提出"饥饿动机"，代助终于说出了自己对工作真正的看法。他认为单纯为了吃饭

而工作绝对不是真心的。也就是说，在代助心里，工作不是
为了面包，他认为在"饥饿动机"的驱使下工作是精神堕
落，是不纯洁的。

工作是
为了什么？

————

代助认为工作是为了吃饭，所以表现出了排斥感。英国哲学家伯特兰·罗素在《闲散颂》中有类似的说法。

现在的人认为做任何事都是另有企图的，绝不是为事情本身而做的。……从广义上说，人们普遍认为赚钱是善行，而花钱是恶德。其实这是一个问题的两个方面，人们这样的想法就如同认为钥匙是好的，而锁孔是坏的一样荒谬。

——《闲散颂》 伯特兰·罗素

这段文字中作者反抗的和《从此以后》中代助反抗的完

全一样，认为和为了吃饭而工作一样，为了其他目的而工作的动机也是不纯粹的。反过来说，**代助希望将工作本身作为目的，让工作成为一种纯粹的行为。**

为了更加深入地探讨这个问题，我们来看一下曾经受纳粹分子迫害的犹太哲学家汉娜·阿伦特的名言。

阿伦特在发表于 1958 年的著作《人的条件》中，将根本性人类活动称为"积极生活"（vita activa），并且将其分为劳动（labor）、工作（work）和行动（action）。

> 这三种活动和它们相应的条件，都与人存在的最一般状况——出生、死亡、诞生性和有死性——密切相关。劳动不仅确保了个体生存，而且保证了人类生命的延续。工作和它的产物——人造物品，为"有死者"生活的空虚无益和人类寿命的短暂易逝赋予了一种长久存在的尺度。而行动，就它致力于政治体的创建和维护而言，为记忆，即为历史创造了条件。
>
> ——《人的条件》 汉娜·阿伦特

这就是说，在阿伦特看来，劳动指作为生物的人类为了维持生命和生活而做的那些不得不做的事，劳动的产物具有可消费的性质，特点是不具备永久性；工作则指能够创造出具有"持久、长存"性质的产物（如工具和艺术品）的事；行动则指塑造社会和历史的政治及艺术等方面的行为。

可是，阿伦特也提出，在古希腊时代，"观照生活"（vita contemplativa）比以上三种活动都更重要。

"观照"在现代生活中或许可以换成"内省""冥想"，指安静地面对和感受大自然和宇宙真理。古希腊人认为所有动态的活动和思考都应该以静态的"观照生活"为目标，这才是人最具人性的存在方式。

接下来，阿伦特还提到在古希腊城邦时期，劳动是受到城邦居民蔑视的活动。

> ……对劳动的蔑视最初源于一种摆脱生活必需品的急切努力，一种对为了任何最终毫无建树的事物、留不下痕迹的事物、纪念碑和值得记住的伟大作品而做出的努力的不屑一顾。
>
> …………
>
> 劳动意味着受到了生活必需品的奴役，这一奴役是人类的生活条件必然导致的。人类受困于生活必需品，所以他们只有通过控制某些人——他们使用暴力

使之因屈服而劳动——才可以获得自由。奴隶很卑贱，他们的地位很低下，这是因为他们的命不好，拥有这种命甚至比死亡更糟糕，因为奴隶是与被驯服的动物没有多大差别的异化的人类。

——《人的条件》 汉娜·阿伦特

上面这段话的意思是，古希腊城邦居民认为，如果因为生活所迫不得不劳动，他们和被驯服的动物在社会地位方面就处于同一水平了。他们认为劳动会妨碍工作和行动，甚至妨碍"观照生活"，所以需要奴隶来承担劳动的任务。

可是，阿伦特也指出，劳动是作为生物的人类获得最自然的快乐的源泉。

……完全消除劳动的痛苦和辛劳不仅会剥夺人类生理过程中最自然的快乐，还会剥夺人类的生气和活力。人类的生活条件就是这样的。痛苦与辛劳不仅是不改变生命本身就能消除的症状，还是两种模式，在这两种模式中，生命本身加上制约生命的生活必需品使人们感受到了劳动的重要性。对大多数普通人来说，"上帝的清闲生活"也许是没有生活气息的生活。

···········

　　人们经常注意到很多富人的生命失去了活力，他们远离了自然界的"好东西"，这种生活只是在讲究排场和在对世界上所有美好事物的敏感中有所得。事实上，人类在世界上的生命力一方面总是包括超越和远离生命过程本身的能力，但另一方面，生命和活力是人类甘心承担生活劳苦的结果。

——《人的条件》 汉娜·阿伦特

　　因此，人类既想尽可能地逃避劳动，也有从劳动中获得生命的快乐的倾向，具有二者兼容的复杂性。

　　面对劳动，人类之所以会陷入困扰，是因为人类既是动物，又和其他动物有决定性差异——人类能够孕育文化，而且需要文化。因此，人类具有两面性。

工作的
没落

———

在《人的条件》中，阿伦特说工作创造出世界，留下了有韧性的作品和产品。

她口中的世界具有相当独特的意义，从广义上说，指由让人能过上人类原本应该拥有的生活、具有一定持久性的工具和物品，以及让人能从中感受到人性的文化构成的文明。

可是，进入现代后，创造世界的工作的地位开始下降。

……第一次工业革命让劳动取代了工作，其结果是，现代社会中的物品不再是可供使用的工作产物，它们都成了"劳动"的产物，生来就是被消费的。原来，工作创造出的工具和器械经常在劳动过程中被使用，而与劳动过程相适应的劳动分工也成了现代工作过程的主要特点之一，导致工作人员不再需要高度专业化因素是劳动分工而非日益增长的机械化。……但是，大规模生产意味着劳动者取代工作者，劳动分工取代专业化。

——《人的条件》 汉娜·阿伦特

按照阿伦特的说法，在资本主义国家，工业革命之后开始的大量生产，将依赖于人类的熟练技能和专业化的工作降级为片段式、分工化的劳动。此外，在现代分工化的劳动中，人不仅得不到原本可以从劳动中得到的最自然的快乐，还会产生虚无感和徒劳感，可以说这是一个严重的问题。

通过分工化的劳动生产出的产品已经不再是通过工作生产出的、可以长期珍惜使用的作品了，它们渐渐变成了需要人们不断消费的、单纯的消耗品。阿伦特认为在现代消费型社会中，唯一留下来的，可以称为"作品"的只有艺术作品。

……也就是说，"劳动动物"（animal laborans）在闲暇时间只能去消费，闲暇时间越充裕，它们的食欲就越容易转变为贪欲，最终成为饥渴。

——《人的条件》 汉娜·阿伦特

在消费型社会中，人们在不知不觉间，不仅失去了充满人性的"观照生活"，而且失去了充满人性的工作，沦为"劳动动物"，像齿轮一样不停地劳动，不断地生产消耗品，并且仿佛被控制了一样进行消费，陷入"不能被称之为人"的状态。对此，阿伦特在书中发出了感叹。

不过，现代颠覆了所有的传统，行动与观照的传统排列和积极生活中的传统等级一样，它赞扬劳动是一切价值的来源，并将"劳动动物"与"理性动物"（animal rational）提升到了相同的地位。

——《人的条件》 汉娜·阿伦特

也就是说，在日本，我们所处的时代绝对不比古希腊城邦时期更加先进，很多人都沦为"劳动动物"，活得甚至不如奴隶，这是一个失去了人性化的观照和工作的时代。

在这个本末倒置的时代，希望尽可能地保留人性的人就像《从此以后》中的代助一样，不屑于为了生活而沦为"劳动动物"，他们追求"观照生活"。

片段式、分工化的劳动
为什么开始受到赞美？

————

阿伦特还提到了为什么工作的地位下降，而自古以来受到轻视的片段式、分工化的劳动却开始受到赞美。

> ……这种变化是从约翰·洛克发现劳动是一切财产的来源后开始的。
>
> ——《人的条件》 汉娜·阿伦特

阿伦特对那种将工作和片段式、分工化的劳动同等视之，赋予这种劳动原本只属于工作的性质的观点进行了批判。

也就是说，通过消费可以消耗其产物的片段式、分工化的劳动与具有某种程度的持久性、能够创造世界的充满人性的工作具有本质上的差别，但是如今工作的价值却被贬低了，这是一个严重的问题。

另一位学者以完全不同的视角考察了片段式、分工化的劳动受到赞美的原因，他就是德国社会学家马克斯·韦伯。他在1904年发表的《新教伦理与资本主义精神》中提出了轰动世界的观点，他认为以营利为目标的资本主义精神诞生于与之目的完全相反、最追求禁欲精神的新教伦理。

首先，韦伯引用了美国国父之一本杰明·富兰克林说的话来分析典型的资本主义精神。

> 不能忘记时间就是金钱。……
>
> 不能忘记信用就是金钱。……
>
> 不能忘记钱能够生钱。……
>
> 不能忘记一句谚语——能按时付钱的人会让别人的钱包也充满力量。……
>
> 只要会影响信用，任何细枝末节都需要注意。
>
> ——《新教伦理与资本主义精神》 马克斯·韦伯

其次，韦伯论述了资本主义精神的思潮（ethos）。思潮是人们的生活习惯、心理态度、伦理态度的综合体，可以认为它是人们的社会心理学倾向。

　　几乎不需要证明，人们将赚钱当作自己的义务，即"天职"，违背了其他任何时代的道德观。……此外，以意大利佛罗伦萨的安东尼的看法为例，就连在教会的教理进一步顺应了现实的情况下，把营利作为自身目的的行为在根本上依然是可耻的，现存的社会秩序却对此非常宽容，并没有阻止。

　　　　　　　——《新教伦理与资本主义精神》 马克斯·韦伯

　　根据富兰克林的话来看，奇妙的资本主义精神的思潮曾经被蔑视，被认为是营利的，代表了卑劣低俗的拜金主义，可是现在它为什么会受到赞美呢？

"天职"这个
概念的骗局

———

> 履行世俗职业中的义务，被认为是道德实践的最高内容。其必然结果是人们认可世俗的日常劳动中存在宗教意义，第一次在世俗职业中提出了"天职"的概念。……人们不再认为修道士的禁欲要求比世俗的道德标准更高一等，而是将在世俗中履行职业义务当成受到上帝青睐的生活手段之一。从每个人的社会地位上诞生出的世俗义务正是上帝赋予的"天职"。
>
> ——《新教伦理与资本主义精神》 马克斯·韦伯

也就是说，天主教认为修道院内的禁欲生活符合最高的道德标准，而马丁·路德将这种禁欲当成世俗内的禁欲，认为在世俗内履行"天职"是最符合上帝心意的道德行为。

韦伯认为"天职"的概念比之后从加尔文主义的基础上发展出的清教主义更先进，他提到了著名清教徒巴克斯特主要作品中的观点。

因此，巴克斯特在主要作品中提出无论在肉体上还是在精神上，都要严格教育人们不断劳动，有时甚至需要充满激情地劳动。

…………

但是劳动更胜一筹。极端地说，劳动是上帝规定的生活目的。"不工作的人不能吃饭"，圣·保罗的观点是无条件的，适用于任何人的。失去劳动欲望，就是丧失受上帝恩惠的地位的征兆。

…………

有财产的人同样不能不劳而获，因为他们即使不需要通过劳动来补充自己的必需品，也和穷人一样有必须服从的上帝的命令。于是，劳动的地位被提高，成为遵循天命、人人平等的天职之一，人人都必须认清这一点，必须劳动。

——《新教伦理与资本主义精神》　马克斯·韦伯

很多人都对"不工作的人不能吃饭"这个说法非常熟悉。在日本，资本主义对人的影响绝不仅仅停留在经济层面，还影响了人的价值观。日本在引入资本主义的同时，在不知不觉间引入了资本主义精神的思潮，认为应该以禁欲的心态进行劳动。

韦伯认为，由此形成的资本主义精神在到达美国后，再次发生了本质变化。

> 美国是最能够让人们自由营利的国家，如今营利活动去除了宗教伦理的意义，倾向于与纯粹的竞争情绪结合，甚至带上了竞技体育色彩。……对在这样的文化发展中留到最后的"终极之人"来说，以下说法就成了真理：缺乏精神的专业人士和缺乏情绪的享乐人士等虚无者会陷入自我陶醉，认为自己到达了人性从未到达过的阶段。
>
> ——《新教伦理与资本主义精神》 马克斯·韦伯

因此在美国，资本主义精神已经失去了宗教伦理意义上的世俗内的禁欲，而像体育赛事一样，变成纯粹的金钱游戏。这就是我们口中的"经济全球化"。

上面这段文字里出现的"终极之人"出自尼采的《查拉图斯特拉如是说》，是对与"超人"相对的渺小人类的蔑称。韦伯将资本主义走到尽头后将出现的人类称为"终极之人"，为资本主义敲响了警钟。

唉！人们丧失孕育任何行星的能力的时刻即将到来。

唉！最应该被鄙视的人的时代即将到来，那样的人再也不会蔑视他自己。

看呀！我要向你们展示"终极之人"。

…………

"我们已经找到了快乐所在。"——"终极之人"眨巴着眼睛说道。

…………

一个人仍旧在工作，因为工作对他来说就是一种消遣。但是他必须时刻小心，否则这种消遣就会伤害到他。

人们不会再成为穷人或者富人，因为这二者都是沉重的累赘。有谁还想被统治？有谁还想去服从？统治和服从都是沉重的累赘。

....

"我们已经找到了快乐所在。"——于是，"终极之人"眨巴着眼睛说道。

——《查拉图斯特拉如是说》 尼采

在阿伦特看来，缺乏精神的专业人士和缺乏情绪的享乐人士正是"劳动动物"。片段式、分工化的劳动无法带来充满人性的世界，只能生产出消耗品，而"劳动动物"只能通过消费这些消耗品来填满自己的闲暇时间，这正是被动的现代人的样子。

懒惰的
权利

————

卡尔·马克思的女婿——社会主义者保尔·拉法格著有一本别具一格、思想过激的书——《懒惰的权利以及其他》，出版于1880年。这本书领先于时代，拉法格在书中深入地讨论了前文中阿伦特和韦伯提出的问题。

资本主义文明支配下的各国劳动阶级如今被一种奇怪的疯狂裹挟着。近两个世纪以来，这股疯狂给个人层面和社会层面带来的悲剧一直折磨着悲惨的人类。这股疯狂就是对劳动的爱，也就是对劳动不惜牺牲性命的热情，它逼迫每个人及其子孙耗尽精力。祭司、经济学家和道德家不仅没有制止这种错误精神，反而

将劳动捧上了最高神坛。肤浅的人类竟然认为自己比
上帝更加贤明。

——《懒惰的权利以及其他》 保尔·拉法格

　　拉法格写这本书是为了反驳法国二月革命中工人们要求
保障劳动权的观点。**也就是说，他并不提倡追求劳动权和劳
动者的权利，而令人惊讶地提倡追求懒惰的权利。**

　　拉法格在《懒惰的权利以及其他》中利用柏拉图、色诺
芬尼、西塞罗等古希腊、古罗马时代的哲学家说的话，试图
让被压迫的人们觉醒。

　　为了赚钱而让你们劳动的人，是让你们陷落成奴
隶的人，他们犯下了必须入狱数年的罪行。

——《懒惰的权利以及其他》 保尔·拉法格

　　在刚才介绍过的阿伦特的作品中，也提到了古希腊城邦
居民有多么蔑视劳动。拉法格的文字能让我们再次想起阿伦
特的观点。

　　拉法格还在书中写了一篇名为《资本教》的滑稽模仿作
品，猛烈讽刺了被资本主义玩弄于股掌之中的劳动者。

问：你信仰什么宗教？

答：资本教。

问：资本教要求你承担什么样的义务？

答：主要有两项义务，放弃权利的义务和劳动的义务。……从幼年时期直至死亡，我要始终工作，在太阳下、在瓦斯灯下工作，我的宗教命令我随时随地工作。

问：你的上帝"资本"给了你什么样的回报？

答：随时随地给我的妻子、我年幼的孩子和我本人提供工作。

问：这是唯一的回报吗？

答：不。虽然我们现在吃不到、今后也无法吃到值得敬畏的僧侣们和选民们经常吃的肉和上等粮食，但我们这些工人可以通过观赏陈列品来满足食欲。……尽管被上帝选中的人们在享受我们无法企及的美好产品，但只要想到那些都是我们的双手和头脑创造出来的，我们就会感到自豪。

——《懒惰的权利以及其他》 保尔·拉法格

为什么
会在工作中感到不适？

———

现在我们回到最初的问题："高等游民"代助在工作过程中感到的不适究竟是什么呢？

参考阿伦特、韦伯和拉法格的论述，我得出了以下结论。

不知从什么时候开始，本来应该能够实现人类价值的工作被片段式、分工化的劳动吸收合并，彻底变质。而且，自古以来被赋予最高价值的、安静的"观照生活"的意义被彻底忘记，只被看作懒惰、缺乏建设性的事情。此外，基于一心履行"天职"，遵循世俗内的禁欲这种生存方式的价值观，通过片段式、分工化的劳动来赚钱变成了善行。资本主义从中诞生，资本主义精神的思潮越来越盛行，人们普遍认为不

努力就没资格吃饭。

由于以上种种原因，工作不再像最初那样富有人性。"高等游民"感受到的不适，是对这种"奇怪的生活方式"应该产生的不适。

在当今社会中，人们会关注为争取劳动权或劳动者的权利而进行的斗争，但几乎不会关注为争取"观照生活"的权利而进行的斗争。

但是，我们或许可以认为，为了恢复法拉格口中"拥有懒惰的权利"的"观照生活"，代助那样的"高等游民"在孤独而安静地战斗着。我们不能蔑视逃避工作的"高等游民"，说得夸张一些，我们应该将他们看成赌上自己存在的意义、对奇怪的生活方式提出异议的人。

古希腊城邦居民的生活建立在奴隶制的基础上，如今没有人想成为奴隶，当然按照伦理也不该过那样的生活。可是，尽管现在早已不是奴隶制时代，如今机械化和信息化已经发展到了相当先进的程度，但大多数日本人依然没有从"劳动动物"的状态中得到解放，反而陷入了本末倒置的状态，不得不长时间劳作，仿佛反过来成了互联网技术的奴隶。

就像阿伦特说过的那样，彻底摆脱劳动会使人类丧失活

力和生命。这是有关生物的真理之一。可是虽说如此，让劳动占据几乎所有时间的生活，也绝对无法被称为有人性的生活。

那么面对这种乍看上去自相矛盾的困难要求，我们究竟应该怎样做呢？

人类究竟应该劳动，还是不应该劳动？如果试图这样思考问题，就无论如何都摆脱不了代助面临的绝境。重要的是看清阿伦特口中的"工作复权"和"行动"的意义，在日常生活中尽量复活人类忘却已久的"观照"。目前看来，我们必须认真思考如何将各种沦为以量计算的劳动转化为重视质的工作。

为了挽回人性化的世界，我们需要看清一味追求赚钱、有用等意义和价值的资本主义精神的思潮，摸索作为生物、作为人类能够感受到意义的生活方式——这条路才是我们从今往后需要追求的课题和我们的希望。

第 三 章

寻找真正的自我

究竟有没有
"真正的自我"？

——

"高等游民"被迫面对工作这个本质性问题，因此他们难以避免面对有关真正的自我的问题。在现代生活方式中觉醒的人认为随波逐流并非好事，必须活出真正的自我。

如前文所述，我在临床上遇到的倾诉自己找不到真正的自我的患者越来越多，他们认为自己没有活出真正的自我，可是社会上却出现了不愿意正面解决类似问题的风潮。

"寻找自我不过是在浪费时间，才没有真正的自我，有时间想这些不如随便做些工作。" 在社会中到处都能听见诸如此类的蛮不讲理的言论。令人苦恼的是，寻找自我的人本来就缺乏自信，这样的言论会使他们陷入进一步的自我否定。

那么为什么坚持寻找真正的自我，也就是所谓的"寻找自我"会受到如此严厉的批判呢？我认为有必要从正面思考这个问题。

过去，始于美国的自我启发研讨会在日本流行过一段时间，因为其中出现了疑似涉及传销和精神控制的内容，所以自我启发研讨会的出现成了一项社会问题。除此之外，某些具有邪教色彩的新兴宗教打着"寻找自我"的名义，巧妙地教唆年轻人做出反社会行为，导致整个社会对"寻找自我"产生警惕感，甚至出现严重的过敏反应。恐怕如今的社会对"寻找自我"反应剧烈，与上述情况关系巨大。

我认为，如今社会上对"寻找自我"进行批判的人大致可以分为两类。

一类是秉持传统的"饥饿动机"价值观的人，他们认为"寻找自我"不过是不想工作的借口，是天真的想法，对"寻找自我"抱有基于情感的反抗。无论真正的自我是否真的存在，他们都会彻底否定它，他们从一开始就不会采取认真思考的态度。或许他们的潜意识察觉到了危机，担心"寻找自我"会从根本上颠覆禁欲式、服从式的价值观。这种思想缺乏理智，常常出现在执着于陈旧的精神论、陷入思考停滞状态的守旧的人身上。

　　另一类是基于顽固、狭隘的哲学观点进行思考的人。这类人认为真正的自我本来就无从知晓，是无法被证明存在的对象，他们对"存在真正的自我"这个观点本身就持否定态度。拥有这种思想的人只愿意认真对待自己能够理解的、狭窄的"合理世界"范围内的事物，他们试图站在客观的角度上，清除原始的盲目信仰和带有宗教色彩的冥想，推崇合理、科学的思想。当然，这种思想是近现代社会的基本宗旨，带来了今日的物质繁荣，但问题是，对寻找真正的自我的人来说，这种思想从原理上就不可能适用。

　　弗洛伊德曾提到，对人类来说，精神现实比物质现实更重要，这个理论让人类对自己的认知向前迈出了一大步。这句话同样可以解释为"人类并不是由客观现实规定的，而是由主观印象规定的"。只有将"寻找真正的自我"这件事放在心上来思考人类的存在，才能看到真相。

　　关于精神现实对人类存在方式的影响力有多大，我在日常的临床治疗中曾亲眼看到，并且惊叹不已。与大家想象的可能有所不同，精神现实的变化导致的人类身上的变化，远远超过药物等产生的化学作用，是更有活力的本质性变化。就连传统医学无法治疗的慢性疾病，也可以在精神现实的作用下得到戏剧性改善，而且这种情况绝不少见。

因为我们人类会思考，所以内在的烦恼和疑问无论如何都会涌上心头，就算用头脑进行计算机式的、理性而合理的思考和讨论，也只会得出偏离核心的结论。越了解人类的精神，就越能够认识到利用合理的思考绝对无法触及的层面的问题，而无论在象牙之塔和书房中绞尽脑汁钻研多久，都无法看清精神层面的世界。

摆脱苦恼后看到的
"第二次诞生"

———

如果继续讨论，无论如何都会遇到与此相关的更大的问题。

在成长中难免遇到阴云，当我们遇到凭借头脑无法解决的烦恼或出现仿佛患有神经症般的感觉和认知，然后通过精神作用得以解决或恢复时，我们就会从心底涌起一种找到了"真正的自我"的感觉，心中充满"第二次诞生"般的新鲜感和喜悦感。要想解决第一章中提到过的"中年危机"，必须利用"第二次诞生"的经验。

这种内在变革的经验曾经以各种各样的说法出现，如超越体验、觉醒体验、宗教体验、开悟等，经历过第二次诞生的人和停留在前一阶段的人之间横亘着一条无法跨越的鸿沟，令人绝望。

到现在为止，超越体验往往带有宗教色彩或者形而上学的感觉，而且常常带有思想上的优越感，如"只有我才是能够实现超越的优秀的人""只有我才是被上帝选择、被上帝所爱的人"。此外，超越体验被称作奇迹，得到超越体验的方式成了"只传授给你的特别秘籍"，出现在很多自我启发研讨会、新兴宗教的活动、自称为咨询师的外行人提出的心理疗法以及精神治疗中。

因为超越体验带有难以避免的不透明性，要让人们体验到从未体验过的事情，所以内容的质量参差不齐，其中可能有不少将个人经验强加于体验者的内容，或者利用群体心理对体验者进行洗脑的危险内容。

乍一看，"处理人类的心理问题"这件事谁都能做，但实际上，这需要与做外科手术要求的不相上下的熟练度，以及对人类普遍而深刻的了解。外行人用马马虎虎的方式进行心理治疗，可能对患者的精神造成严重的伤害，甚至可能引发精神病。其实到现在为止，我也为不少因为接受不恰当的治疗而受到伤害的患者做过病后护理和精神重建。有时，用语言做成的"手术刀"比肉眼可见的力量拥有更大的威力，会造成持续性伤害，所以绝对不能仅仅根据个人经验来随意处理心理问题。

我在前文中提到过，因为具有心理问题的人曾经多次引发严重的社会问题，所以很多人对处理心理问题带有强烈的不信任感和情绪上的过敏反应。这一点很让人遗憾，但因此就仅仅用枯燥的理性来处理必须从精神层面解决的问题，则是另一种意义上的错误。

我以前多次在作品中引用夏目漱石《我的个人主义》中的内容，夏目漱石在文中生动地描述了他找到"真正的自我"时喜悦的心情。

　　……啊，这里有我前进的道路！好不容易掘出了这条路！当这样的感叹词从内心深处喊出来时，你心中的那块石头才会落地吧？……在途中因遇到雾霭而懊恼的人，我想，不论付出多大代价，他都应该挖掘到矿床之处才住手。……因此，如果在座的有人得了我说的这种病，我非常希望他勇敢地前进。如果走到那里，他就会发现事实上那里才有他落座的地方。我认为这样就能让自己掌握一生的自信并从而安下心来。

　　　　　　　　　　——《我的个人主义》 夏目漱石

这是 1914 年，夏目漱石晚年在日本学习院大学面向学生们演讲的部分内容。夏目漱石说自己曾经为寻找真正的自我而苦恼，最终达到了"自我本位"的境界，并且向学生们传达了那份喜悦。

　　人在找到真正的自我后，一定会在一段时间之后进入新的阶段，不再执着于自我。

　　夏目漱石也不例外，在达到"自我本位"境界后，他进入了下一阶段。夏目漱石用"则天去私"来描述这一阶段，这个词是他自造的，意思是"顺应天意、忘记自我"，消除对第一人称"自我"的执念，进入"超越性无人称"境界。

　　这个"超越性无人称"是我提出的概念（可参考拙作《为了活出自我的话语》），表示真正的自我在获得"第一人称"后，对"自我"的执着就会消失，"超越性无人称"正是这种境界。"第一人称"消失后出现的"无人称"和尚未达到"第一人称"的"无人称"（后者为"不成熟的无人称"），从没有"自我"的角度上看是相似的，但它们在本质上属于完全不同的层面，所以需要在名称上加以区别。

　　尼采在《查拉图斯特拉如是说》中将人类变化、成熟的过程称为"骆驼→狮子→孩子"。骆驼处于"不成熟的无人称"境界，狮子处于"第一人称"境界，孩子处于"超越性无人称"境界。

但是大家不要误解，骆驼象征的"不成熟的无人称"境界绝对不是未成年人那样的不成熟状态，反而指我们在成为独当一面的社会人后，适应社会的状态。**也就是说，独当一面的社会人适应社会的状态绝不是人类的"完成态"，从人类真正的内在成熟的角度上看，这个阶段甚至还没有入门。**

以这种认知为前提，让我们重新讨论一下真正的自我。

关于"是否有真正的自我？"这个问题，如果参与讨论的人处于"不成熟的无人称"境界，那么他由于没有感受过真正的自我，很容易得出"真正的自我是不存在的"这种结论；但是，处于"第一人称"或"超越性无人称"境界的人，一定认为真正的自我是存在的。可见，关于真正的自我的讨论，会由于参与讨论的人经验不同而出现决定性差异，上述两种人无论讨论得多么深入，都只能得出两条平行线般的结论。

此外，没有体验过真正的自我的人并不知道存在"$0 \rightarrow 1 \rightarrow 0$"这个变迁过程，只是在知识层面了解到有"超越性无人称"境界，所以他们会断言真正的自我并不存在，并贸然断定"寻找自我"就像剥洋葱皮一样，终究是没有意义的。

而且真正的自我绝非只有一面，而是有丰富多彩的面相的。尚未脱离"不成熟的无人称"境界的人绞尽脑汁，也只会将真正的自我与适应社会的独当一面的社会人混为一谈，抓不住事情的本质。这种做法相当于断定自己没有吃过也没有见过的食物不好吃或没有吃的意义，很容易误导真心想要追寻真正的自我的人。

　　我认为，大家对自己没有经历过的事情，不能断言"那种东西不存在"，坦率地承认自己不知道才是真正理性的态度。

混淆
意义和价值

———

在本书的开头，我说过"人类是唯一一种如果无法感受到人生的意义就活不下去的动物"。可是这句话中的"意义"究竟是什么，究竟要如何做才能感受到人生的意义呢？我想在这里深入探讨一下。

为了明确什么是意义，让我们来看看常与意义混用的价值与这句话中的意义有什么区别。

在逻辑学和现象学中，"意义和价值的区别"是经常被讨论的主题之一，可是这两个领域中的讨论过于专业，对思考"人生的意义"而言没有参考价值。在这里，我以我们在日常生活中使用"意义"和"价值"这两个词时的感受为基础，介绍它们的区别。

我们生活在现代，在做事情之前往往会思考做这件事情有没有价值，如果有价值就去做，没有价值就不做，因此在我们心中，有意义往往指能够产生价值。

此外，我们从小就经常听到"让时间过得更有意义""过一个有意义的暑假"这些口号，甚至已经听腻了。这些口号乍一看颇具教育意义，但实际上会让我们陷入相当不自由的状态。

举例来说，陷入抑郁状态的人不得不进行疗养，他们首先需要面对的就是由于不能过有意义的生活而产生的苦恼和自责。他们认为工作、上学是有意义的，可是自己没办法做到，所以自己是没有价值的，他们会因此自责。

在能够适应社会、正常工作和生活的时候，人们很难注意到现代人患有一种"有意义病"，总认为应该随时做有意义的事情。尤其是近年来，社交软件上掀起了一股重视"做了什么"的风潮，人们开始发照片展示自己做过的事情，如果什么都不做、闲散地度日，人们就会产生内疚感，认为自己什么都没有做，认为因为没有创造出任何价值，所以人生变得没有意义。

而且现代人对价值的定义严重倾向于"能够派上用场"，比如能赚钱、增加知识、掌握技能、为做好下一份工作休养生息等，因此"意义"的意思变成了"能够创造上述价值"。

可是，真正的意义与是否有价值完全无关。而且与他人的看法无关，只要本人能够感受到一件事情的意义，就说明它是有意义的。也就是说，真正的意义完全取决于主观感觉是否得到了满足。

下面我用另一种说法来讲讲它们的区别。

价值与头脑判定的得失有关，而意义与内心和身体的喜悦有关，需要用内心和身体去体会和感受。

通过整理，就能清楚地看到价值和意义是相距甚远的概念。

可是现代人在谈到人生的意义时，经常将价值和意义混淆，结果不少人认为人生的意义等同于人生的价值，导致问题变得更加复杂了。

人在不得不寻找人生的意义时，一定会因为追求价值而筋疲力尽，导致无法找到真正的意义。**我们像生产机器一样为了追求价值而生，一直在"有意义"的束缚中挣扎，陷入了"没有余力想象能够感受到真正的意义的人生"的状态。**

此外，我们小时候可能觉得一天很长，对未知的世界充满好奇，沉浸在自由的幻想中，心中充满了没有限制的梦想，生活充满了真正的意义。我们天真地在传单空白的背面用蜡笔勾画，完全不追求现实价值，不去想这样做会产生什么价值，也不期待自己将来成为一名画家。

可是现在的孩子们，即使在充满了真正的意义的幼年时期，也要为了升学而报绘画班，吸收"有意义"的技能，在不知不觉间，画画变成了义务，变成了必须掌握的技能。于是，真正的意义从孩子们的世界中彻底消失，只留下了与内心和身体的喜悦毫无关系的价值在他们心中徒然增长。

人生的意义
在哪里？

———

人生的意义真的存在吗？

在精神疗法中，患者常常向我提出上述问题。年轻患者尤其多，可见在他们眼中，以父母和老师为代表的成年人的人生，无论如何都看不到意义。

面对"人生的意义真的存在吗？"这个问题，回答有或者没有都不准确。不是因为这个问题难以回答，而是因为在回答这个问题前，必须看到提出这个问题的人的思考方式中隐藏的误区。

什么是思考方式中隐藏的误区呢？

提出这个问题的人认定人生的意义一开始就存在。然而意义并不是一开始就固定存在的，只有在人产生寻找意义的志向时，意义才会出现。

换一种说法，意义并不是一个点，而是以动态的形式存在的，在"寻找意义的志向"出现时才会出现。**也就是说，意义绝对不会固定在某个地方等我们去发现，而是在"寻找意义"这个内在驱动力出现时诞生的。**

维克多·E.弗兰克尔提出"追求意义的意志"，并将其与弗洛伊德强调的"追求享乐的意志"和阿德勒强调的"追求权力的意志"进行了比较。

如今出现了同时符合"追求享乐的意志"和"追求权力的意志"。可是享乐只是意义的副产品；只要意义在某种程度上受到了各种社会条件和经济条件的限制，权力就只是达成目的的工具。人们从什么时候开始喜欢上了"享乐"这种单纯的副产品，或者因为拥有了被称为"权力"的、只是为了达成目的的工具而感到满足的呢？人们每次产生"追求享乐的意志"和"追求权力的意志"，都是因为"追求意义的意志"受到了挫折。

——《无意义生活之痛苦》 维克多·E.弗兰克尔

也就是说，弗兰克尔与弗洛伊德和阿德勒意见不同，他认为追求人生的意义这种"追求意义的意志"才是本质方向，而把"意义"的副产品——"享乐"，以及获得"意义"的工具——"权力"当成目标，都是偏离正题的想法。

我很赞同弗兰克尔的意见。人类并不像弗洛伊德所说的那么肤浅，一切行为都可以用"性欲的驱使"来解释，也不像阿德勒所说的那么世俗，以追求权力和优越感为根本动机。

当然，追求享乐和权力等肤浅的行为确实是人类真实的一面，可人类绝没有仅仅停留在这个层面上。人类确实拥有追求人生的意义这种具有哲学性的特点，人类与其他动物不同，是具备存在主义意识、有思想深度的生物。

弗兰克尔提出的"追求意义的意志"来源于尼采提出的"权力意志"，那么让我们来看看尼采是如何描述"权力意志"的。

无论我在何地发现生物，我都能在那里找到权力意志；我甚至在服从者的意志当中，发现了想要成为主人的意志。

…………

这是生命曾经跟我说过的一个小秘密。"看啊，"它说道，"我必须不断地超越自己。"

………………

　　只有存在生命的地方，才存在意志：但是，这种意志不是生命的意志，而是——让我告诉你们——那是权力意志！

　　　　　　　　　　——《查拉图斯特拉如是说》 尼采

　　这里的"权力意志"可以替换为"主人的意志"，即"自己始终是万物的主人，是认识世界、真理和生存本质的意志"。这种认识本身绝对不会止步不前，而会不停地发展、改善，永远向着更高的地方迈进，是一种动态的意志。

　　因此尼采认为人类的"不断探求"这个性质正是生存的本质，是"权力意志"。

　　由此可以清楚地看出，弗兰克尔所说的"追求意义的意志"在本质上和尼采所说的"权力意志"是一致的。

　　也就是说，弗兰克尔将生存本身作为我们的意识对象，将其命名为"人生"。**我们寻找人生的意义，于是我们成为自己人生的主人。**这一系列只存在于人类身上的行为，就是弗兰克尔口中"追求意义的意志"的本质。

抛弃"找工作等同于寻找自我"这个幻想

———

我们的头脑是可以像计算机一样进行思考的，它将事物作为思考的对象，试图通过理解事物来成为一切的主人。

可是头脑无法直接理解"质"本身，只能从"量"的层面理解事物。因此我们往往会偏离事物的本质，错误地将工具和副产品当成目的。人们为了方便而把工具当成目的、一味追求结果，同样出于这个原因。

因此或许可以说，我们追求的种种所谓的价值——获得高学历、找到好工作、有较高的社会地位和收入、结婚生子、送孩子进入好学校、让孩子学习各种技能等——都不过是被头脑错误地当成目的的工具和副产品。这些让很多人趋之若鹜的价值归根结底不过是获得幸福生活的手段，却不知从什么时候开始成了目的本身。

但是，人类感性的部分——内心和身体——能够直接感知"质"，能够去体会和感受。原本内心和身体才是我们人类的核心，正因为内心和身体能够感受到各种各样的事物，我们才能感受到幸福。也就是说，人之所以能够感受到人生的意义，并不是因为完成了有价值的事情，而是因为内心和身体在感知各种各样的事物，并为此感到喜悦。

本章中讨论的"活出真实的自我"，就是回归本真的存在方式，也可以说是一种超脱。真正的自我绝对不会在外面等待我们找到，它是需要我们回归作为生物最自然的、以自身内部——内心和身体——为核心的存在方式才能找到的。

1970 年出生的挪威哲学家拉尔斯·斯文森在其作品《工作哲学》中提到以下内容。

　　换工作的人比例逐年增大。"天职"概念在现代个人主义中发生了质变。我们侍奉的人不再是上帝，而是我们自己，作为个人，我们面对自己最重要的义务就是自我实现。……

　　如今，我们争先恐后地寻找适合自己的工作，认为工作和从事工作的人之间应该存在缘分。……

随着个人主义的出现，每个人对自己都有了新的责任，有义务成为真正的自我。我们都是浪漫主义者，所以执迷于成为真正的自我。于是，我们看都不看已经存在的自己，而一味追求创造出崭新的自己。真正的自我需要由自己来创造，此时此刻，劳动是创造出真正的自我的手段之一。

这可以说是天职观念的浪漫主义变形。浪漫主义者的问题在于，只要自己的目标没能在个人层面彻底实现，就无法得到真正的自我满足，至少没办法得到永久的自我满足。

——《工作哲学》 拉尔斯·斯文森

马丁·路德将《圣经》中频频出现的"召命"概念扩大，引申为"从事工作是召命"，将其称为"天职"。

可是现在，人们已经不再遵从上帝的"召命"了，而是打着"自我实现"的名号，争相寻找适合真正的自我的工作。斯文森讽刺地将现代人的现状形容为"浪漫主义变形"。

斯文森的观点和近年来哲学家们的论调相同，都对寻找真正的自我持怀疑态度。不过斯文森指出在现代生活中，寻找真正的自我已经变成了"寻找适合自己的工作"，可以说他指出了一个重要问题。

正如斯文森所说的"于是，我们看都不看已经存在的自己，而一味追求创造出崭新的自己。真正的自我需要由自己来创造，此时此刻，劳动是创造出真正的自我的手段之一"，现代社会中有一个奇怪的观念：人们认为真正的自我指的不是内在的东西，而是由本人创造出的崭新的自己，而且很多人坚信可以通过找工作来找到真正的自我。人们认为真正的自我并不存在于内心，而存在于外部，而且可以通过找到社会上已有的、与自己相匹配的工作来实现。这样的想法确实会让人们陷入永无止境地自我寻找，也就是永无止境地找工作的迷宫中。这是斯文森指出的问题。

我用自己的语言对他们的言论进行了整理。现代人有关真正的自我的问题主要有两个：一个是向外寻求真正的自我，一个是试图在"职场"这个狭窄的范围内寻找真正的自我。

当然，我认为人们寻找真正的自我的愿望本身绝对不该受到嘲讽。可是如今社会上大多数已有的工作都是碎片式的重复性工作，我们不能沉迷于仅仅在现存的选项中无止境地寻找工作。

我们可以倾听内心和身体的声音，根据情况自行创造出工作和行动。只要脱离幻想，不认为一定有某个地方存在现成的理想职业，我们就可以改变职业道路，找到更符合自身资质、更适合自己的道路。此外，我们可以选择一种不以片段式、分工化的劳动为中心的生活方式。就算不得不从事这种劳动，也可以努力尝试将它变成工作，即通过内心和身体的参与，在乍一看枯燥乏味的生活中重新找回失去的"质"。

无论如何，人类的智慧来源于内心和身体，它们绝对不会认为被动和从属是好事。以内心和身体为中心，以真正的自我的身份来生活，就能产生能动性、创造性及最重要的"游戏人间"的心态。

我认为人的精神世界很丰富，不是一份职业能够包容的。古希腊人曾经认为工作和行动以及"观照生活"是具有人性的存在方式，生活在现代的我们能否让它们在自己的生活中复活呢？**我们需要做的是重新成为精神世界丰富的人。**

以禁欲主义为开端，"天职"概念登场，工作成为人生中最重要的课题，随后"资本主义"登场，它本末倒置、赞美赚钱。

不过，如果从内心和身体中涌起的智慧与头脑这个能干的"机器"产生的理性进行合作，人迈入社会后，就一定能

够走出一条不受现有模式限制、具有个人风格的道路。

　　只要多一个人活出真正的自我，片段式、分工化的劳动就会逐渐被工作和行动取代，人类就能活出真正该有的模样。

第 四 章

我们应该走向何处？

以自由为名的
牢狱

————

在"饥饿动机时代",人们为了生存需要做的事情是清楚、明确的,人们不需要过多地为该做什么而烦恼。

从不自由到自由,也就是从"负"到"零",明显是当时的"饥饿动机时代"人们的主要目标。

然而讽刺的是,当我们需要从"零"到"正"时,曾经拼命追求的自由就成了我们面前棘手的困难。

在不自由的时候,自由是一个闪闪发光的明确目标;在不自由被消除之后,自由就不再是目标,而变成了一个不合理的谜题,它带着天不怕地不怕的笑容对我们说:"欢迎来到我的世界。"

如今一定有不少人不知道自己究竟想做什么,他们在获得自由的时候，发现"自由的世界"并不是不自由的时候幻想出的乐园，而是一种类似牢狱的世界。

艾瑞克·弗洛姆的《逃避自由》是一部考察人类这种矛盾心理的名著。弗洛姆将自由分成了两种：一种是逃离的自由，一种是向往的自由。逃离的自由指脱离始发纽带的自由。

> 我想称这些先于个体化进程而存在、并导致个人完全呈现的纽带为"始发纽带"。它们是器质性的，因为它们是常人发展的一部分；它们意味着缺乏个体性，但同时又赋予个人以安全和导向。它们是联结母与子、原始共同体成员与其部落及自然、中世纪人与教会及其社会阶级的纽带。
>
> ——《逃避自由》 艾瑞克·弗洛姆

切断始发纽带、完成个人化，就是从限制、束缚自己的各种关系中独立出来，成为自由的个体。这不仅是每个人成长过程中的必经之路，而且是文艺复兴之后人类走过的历史。

可是这一步仅仅停留在逃离的自由阶段，弗洛姆认为这种自由只是消极的自由。

通过个人化,个人的力量得到了某种程度的提升,与此同时,个人需要直面孤独、不安,直面自身的无力感以及压在身上的沉重责任等。

那么从此以后,人类究竟该如何做呢? 大致可以分成两个方向。

朝个体化加深方向每迈出一步,新的不安全感对人们的威胁就更进一步。始发纽带一旦切断,便无法重续。乐园一旦失去,便无法返回。解决个体化的人与世界关系的唯一可能的创造性方案是:人积极地与他人发生联系,以及人自发地活动——爱与劳动,借此而不是借始发纽带,把作为自由独立的个体的人重新与世界联系起来。

然而,如果整个人类个体化进程所依赖的经济、社会和政治条件没能为刚才所说的意义上的个体化的实现提供基础,人们同时又失去了为他提供安全的那些纽带,这种滞后便使自由成为一个难以忍受的负担。于是,它便等同于怀疑,等同于一种缺乏意义与方向的生命;于是,人便产生了逃避这种自由的强烈冲动,或臣服，或与他人及世界建立某种关系，借此摆脱不安全感，哪怕以个人自由为代价，也在所不惜。

——《逃避自由》 艾瑞克·弗洛姆

也就是说，人即使从始发纽带中独立出来，也应该自发地通过爱情和工作等与世界建立新的联系。然而人在无法做到这些时，就会"或臣服，或与他人及世界建立某种关系，借此摆脱不安全感，哪怕以个人自由为代价，也在所不惜"。弗洛姆敏锐地观察到，从结果上看，这些人的心理促成了纳粹主义的诞生。

近年来，日本到处都在宣扬人与人之间的关系，但我对此总有别扭和担心的感觉，因为我从带有"关系"二字的标语中嗅到了一丝反常的气息，强调"关系"似乎在鼓励人们回归始发纽带。

弗洛姆也有同样的表述。

正如儿童永远无法在肉体上返回母亲的子宫里，同样，个体化进程在物质上也是不能重复的。此类企图必然带有臣服特征，其中权威与臣服于它的儿童之间的基本冲突永远不会消除。儿童可能在意识上感到安全和满足,但在潜意识里,他却认识到其代价便是放弃力量与自我完整。因此,臣服的结果是物极必反:既加剧了儿童的不安全感,同时又制造了敌视与叛逆情绪。

——《逃避自由》 艾瑞克·弗洛姆

这就是说,我们这些生活在现代的人已经不可能回归始发纽带了,如果勉强回归,做到"放弃自己的力量及完整性"并且服从某种权威,那就相当于唤回了独裁主义,只会造成悲惨的后果。

在《逃避自由》中,弗洛姆强调,人类要想实现向往的自由,即积极的自由,不可或缺的要素是"自发性"。

为什么说自发活动是自由问题的答案?……自发行为是一种克服恐惧孤独的方法,同时人也用不着牺牲自我的完整性。因为在自我的自发实现过程中,人重新与世界连为一体,与人、自然及自我连为一体。爱是此类自发性的最核心组成部分,爱不是把自我完全消解在另一个人中的那种爱,也不是拥有另一个人的那种爱,而是在保存个人自我的基础上,与他人融为一体的爱。

——《逃避自由》 艾瑞克·弗洛姆

只要拥有自发性，人即使不依靠关系，也能重新与外界连接。而且这种连接方式不是依赖与统治的，而是能够尊重彼此独立性的。弗洛姆认为这就是"爱心"。

继续补充的话，在将这份"爱心"给予他人之前，要先给予自己。尽管"人重新与世界连为一体，与人、自然及自我连为一体"这句话不易理解，但是简单来说，就是要爱自己。换句话说，就是拥有健全的自爱功能，而这种爱往往被比喻成太阳那样的恒星。

爱自己的人就像熊熊燃烧的太阳，能不断绽放光芒，是能够自行发电、独立存在的。而太阳散发的光和热不仅能驱散自身孤独的黑暗与寒冷，剩余的能量还会毫不吝啬地散发到周围，这就是不求任何回报的慈爱。

此外，在孤独中颤抖，被"无依无靠"和"感觉自己没有价值"击溃的人可以被比喻为月亮。

月亮自身无法散发光和热，只能从外界获得光明和温暖。这就会导致渴望抱团、依靠他人的想法出现，甚至不惜放弃保持自我的自由，不惜服从某种权威。人们如果无法获

得自发的爱，就容易陷入依赖状态。

即使你运气很好，得到了别人提供的光明和温暖，这样的关系也不过是从属关系，你必须服从对方，而且你会由于常常担心这份恩惠被收回而无法真正安心。

爱与欲望的区别：
爱是不求回报、不控制对方的

———

爱能够激发出人类的自发性，是实现积极的自由的关键，可是爱又是最容易被误解的概念。

爱往往会与欲望混淆。人们常常将欲望伪装成爱，打着爱的名号实现欲望。"我是为了你好"这句话就是其中的代表性例子——父母披着爱的伪装，将自己的虚荣心和算计强加在孩子身上。

打着"为了世界，为了他人"的名号进行的志愿活动、医疗活动、福利活动等都暗藏着同样的问题。

打着"为了他人"的名义来确认"自身的存在是有意义的"的活动，或者以"感受人生的意义"的名义进行的活动，大多是将欲望伪装起来的。这些通常被看作善事的行为，如果是为了证明自己存在的价值而需要他人，那么无论看起来带有多少爱，实际上都充满了欲望，都只是伪善的行为。

我认为，为了将爱与欲望严格区分，需要给"爱"下一个明确的定义。

爱是为对方（对象）活出自己而感到喜悦的情感。

欲望是强迫对方（对象）变成自己心中的模样的情感。

——《名叫"普通就好"的病》泉谷闲示

爱不会侵害对方的独立性和尊严，是发自内心的情感；而欲望是试图控制和征服对方，让对方变成自己想要的样子，来自喜欢控制事物的头脑。

人类既有头脑又有内心，很难生发出纯粹的爱，一不小心就会被欲望摆布。

即便如此，我也并不赞同部分思想家的观念——将人类看作"欲望的集合体"。

营销理论确实需要从上述角度研究群体欲望，但这种思考方式不过是为了方便研究经济现象而已。如果只看到人类受到欲望摆布的低级的一面，就只能得出令人心寒的悲观结论，陷入错误的虚无主义。这样未免太低估人类爱的潜力，也太藐视人类的尊严了。

我在社会舆论中常常看到对个人主义的误解和排斥，这正是因为很多人误认为人类只有欲望，我认为这是一种令人遗憾的现象。的确，如果一味推行这样的个人主义，社会就会陷入无秩序的状态，充满欲望和自私，这种恐惧依然存在于很多人的内心深处。

那么，要怎么做才能摆脱欲望的束缚，成为一个成熟的、能够去爱的人呢？

首先，重要的是认识并且正视我们的头脑产生的难以避免的欲望。其次，让欲望（"只要我自己过得好就行"的想法）广及众人。这是一条能让我们这些笨拙的人类通往真实的爱的道路。

日本高僧空海大师曾经说过："将小欲培养成大欲。"他认为人们常说的消灭欲望不过是因无法达成目的而进行的自我欺骗，并指出那是"遮情"，应该引以为戒。空海大师很清楚，通过"遮情"最多只能压抑各种欲望，积攒嫉恨，最终成为苍白的伪善者。

这份嫉恨一定会指向充满活力地讴歌自由的人，试图将他们拉下水，因为心怀嫉恨的人无论如何都不容许只有自己不自由。

可是他们不会像坏人那样露骨地表示"你看起来很开心，这让我不爽"，而会以看似正当的理由拉自由的人下水。这时，他们一定会标榜所谓的"道德"。

作家奥斯卡·王尔德敏锐地认清了这一点，他说过下面这句话。

"道德只是我们对不喜欢的人采取的态度。"

——《王尔德全集》　奥斯卡·王尔德

流浪诗人阿蒂尔·兰波说过更尖锐的话。

"道德是脑髓的缺陷。"

——《兰波语录》　阿蒂尔·兰波

什么是
人类特有的东西？

————

"饥饿动机时代"已经结束，我们要从"零"走向"正"，重要的是有爱支撑的自发性，那么爱和自发性是如何刺激我们的呢？

首先，我们知道有些个人是或曾经是自发的，他们的思想、感觉及行动都是他们自我的真实表达，而不是机器人式的表达。这些个人大多数是艺术家。实际上，艺术家可以定义为自发表达自我的个人。

⋯⋯⋯⋯⋯

小孩也有自发性。他们有能力感觉和思考真正是他们自己的东西。这种自发性表现在他们言谈、思考及随时反映在脸上的感觉中。如果问为什么多数人都喜欢小孩子，我相信，除情感及传统原因外，一定还有这种自发性特质。它深深吸引了自我尚未死亡、尚有能力看到自发性的所有人。事实上，没有比自发性更有魅力、更令人折服的了，无论它在儿童身上、在艺术家身上还是在那些因年龄和职业无法群分的个人身上，都是如此。"

——《逃避自由》 艾瑞克·弗洛姆

弗洛姆说，具有自发性的人的状态和艺术家与孩子的相似。我在第三章中也提到过，尼采在《查拉图斯特拉如是说》中用"孩子"来形容人类最成熟的形态，这同样完美地符合弗洛姆的理论。

原来，孩子天真、健忘，像一个新的游戏、一个自转之轮，是一个新的开始，是神圣的肯定。

就像孩子创造一个新游戏一样，人们需要对自己生命进行神圣的肯定，自己的精神就是意志，这个世界是自己的。

——《查拉图斯特拉如是说》 尼采

这段话中的"孩子"当然不是字面意义上的孩子。

"骆驼"勤勉而顺从，服从道德和规律的化身"巨龙"。处于不成熟的无人称境界的"骆驼"为了夺回第一人称主体会变成"狮子"，打倒"巨龙"。然后，"狮子"变身为处于超越性无人称境界的"孩子"，天真无邪，会进行名为"创造"的游戏。因此，"孩子"兼具"骆驼"的勤勉、忍耐力，以及"狮子"的勇猛和独立，是非同一般的人。

字面意义上的孩子虽然天真无邪、充满童心，可遗憾的是他们尚未具备对邪恶的世俗的抵抗力。而且他们尚未具备面对世俗、建立自己的世界所不可或缺的持久的忍耐力和韧性。

艺术与被邪恶笼罩的世俗坚决对抗，强有力地表现被人们忘却的自然的本性或"美"。因此，字面意义上的孩子表现出的东西无论多么纯粹且充满创造性，都无法被称为艺术。

艺术家冈本太郎在他的代表作《今日的艺术》中有以下表述。

说到这儿，我们还要思考另一个问题。那就是儿童画和杰出艺术家的作品有什么根本的差异。

儿童画的确有种无忧无虑、朝气蓬勃的自由感,它会散发出巨大的魅力,画作的天真甚至会让人感觉到某种强大的魄力。然而,这种魅力并不能撼动我们的生活和我们自身——这是为什么呢?

因为孩子的自由并不是通过战斗、吃苦和受伤得来的。孩子们的自由是种不自知的、天然被容许的自由,但也仅被容许在某个特定的范围内。因此它缺乏力量,即使能令人快乐、微笑,也不具备本质的东西。

…………

但是杰出艺术家的作品所特有的爆发性的自由,是他们用全身心的能量与社会对抗、交战的成果,是在打破各种坚固而厚重的壁垒之后绽放出的自由感。对抗的力量越强大,艺术家在忍耐中蕴蓄的能量也就越强。这种人性的力量,会转化成震撼人心的感动,蕴藏在作品之中。

接触到杰出的艺术作品时,我们会感觉到一种震撼灵魂的、强烈的、根本的惊异。那种能在一瞬间改变世界的压倒性力量,就由此而来。

——《今日的艺术》 冈本太郎

真正的艺术家在保留孩子的天真无邪和创造性的同时，具备更加有力、更加成熟的东西。不过这并不仅限于艺术家。

如前文所述，人类绝不仅仅依靠"饥饿动机"生存，人类要过上有人性的生活，就不能仅停留在顺从的"骆驼"阶段。相反，最具人性的形态是会进行名为"创造"的游戏的"孩子"，而这需要经过成为"狮子"的阶段，与各种各样束缚自由的事物战斗，最终变化而来。而达到最终阶段的人一定是具有艺术性的人。

奥斯卡·王尔德用唯美主义风格形容这样的人。

一个人要么成为一件艺术品，要么穿戴一件艺术品。

——《王尔德全集》 奥斯卡·王尔德

艺术
不可或缺

———

　　人成熟的正确方向是成为具有艺术性的个体，人的丰富性包括人的意识丰富性、人的感觉丰富性、人的活动丰富性、人的需要丰富性、人的情感丰富性和爱的丰富性等，感觉、情感等都与艺术性息息相关。

　　因此，艺术并非很多人误以为的可有可无的东西，艺术是人类灵魂中不可或缺的部分。艺术绝不是用来向他人炫耀的教养，也绝不是装点空虚生活的饰品。艺术是人之所以为人所不可或缺的东西，绝不是穿戴在身上的"多余"的奢侈品。

　　真正的艺术家的创作过程不是从感情到形式，而是从形式到思想和感情。

——《王尔德全集》 奥斯卡·王尔德

王尔德口中的"从形式到思想和感情"很难理解，但它们非常重要。

也就是说，艺术不是装点平凡人生的特长和兴趣，也不是单纯为了糊口的技能。不满足于适应社会的人生、直面人类的深层想法时从内心深处涌起的真实的表现，才是艺术。王尔德对充满优越感、把艺术当成饰品的人发出了痛斥。

有人性地活着，就是面对人生和世界时释放出追求意味的力量。这股力量也可以说是我们的内心发出的爱的作用。

也就是说，爱不仅是指向其他人的情感，还是指向世界上各种各样的事物以及人生本身的情感，是深入探寻对象本质的好奇，是用心体会对象的愿望，具有充满好奇心、像天真无邪的孩子一样的性质。这同样是爱很重要的一面。

我们去爱时，能够睁大眼睛、竖起耳朵，感受到隐藏在对象背后的本质，所以隐藏在事物中的真实会静静地向睁大眼睛、竖起耳朵的人展示自己。此时，我们就能体会到似乎与爱的对象融为一体的幸福体验，这就是爱带来的喜悦。

人类的头脑具备将原本浑然一体的自、他二者分为"观察者"与"观察对象"的功能，能将原本的一元世界分为自我与他者，变成二元世界。

当然，正是因为头脑的这项功能，我们得以认识对象，能够思考，能够随心所欲地掌控自己的思想，可是我们可能因此失去与世界的一体感。也就是说，我们在主动将世界与自己分离的过程中，反而从世界中被分离了。

可是，从世界中被分离的我们能够想起与世界融为一体的体验，能够获得重新回到一元世界的体验，就是有关爱的体验。

当我们的内心摆脱头脑的区分功能，带着爱面对事物时，我们一定能够看出其中的美，直观地认识到其中蕴含的某种真理。

我们从生活中感受到意义的瞬间，正是由充满爱的经历带来的。

美的尽头
存在真理

———

那么，人是如何从事物中感知到美的呢？

罗马尼亚音乐指挥家谢尔盖·切利比达奇没有被音乐领域的商业化风潮裹挟，他是一位罕见的、绝不在音乐表演中妥协的艺术家。

纪录片 *You Don't Do Anything—You Let It Evolve* 记录了切利比达奇的音乐生涯，切利比达奇在影片中提到下面这段话。

我在很久以前就抛弃了"艺术是美"的想法。

如果失去了美，就没有人会追求艺术了，但美并不是艺术的最终目标。

美……是诱饵。可是，如果没有美，人们就无法到达美背后的境界。

就像席勒说过的那样，所有到达美的境界的人，都会发现美的背后隐藏着真理。

什么是真理? 虽然真理可以通过思考得到，却无法进一步被定义。真理需要经历。

他认为美只是用来吸引人的诱饵，让人们通过经历找到隐藏在美背后的真理。不过，他口中的诱饵绝对没有贬义，而是引导我们通往重要真理的标志。也就是说，美本身并不是终极目标，触及存在于美的尽头的真理才是重要的事情。这就是切利比达奇想要表达的意思。

那么存在于美的尽头的真理究竟是什么呢?

切利比达奇说，曾经有一名听众对他说: "Es ist so !"（就是这样! ）这让他感到非常开心，因为其中有发现真理的重要线索。

这名听众明明是第一次听切利比达奇指挥的音乐会，却像事先就了解演奏内容一样，感动不已。有一个词叫"既视感"，而这名听众产生的感觉可以被称为"既听感"。

"就是这样"表达的意思是"这种曲子就应该这样演奏"，演奏者们完美地表现了音乐的本质，这正是切利比达奇指挥演奏时追求的表现效果。正因为如此，他理解了听众话中的含义，认为这是最好的赞美。

我在前文中提到过，尼采用"孩子"比喻人类最成熟的状态，其关键词就是"正是如此"。"正是如此"的意思是"就是这样"。在这里我补充一点，孩子口中的"正是如此"在德语中是"Ja"，相当于英语中的"Yes"。"Yes"可以解释为英语的"That's it"，而在德语中，"Ja"与"Es ist so！"可以表达同样的意思。

然而遗憾的是，并非世界上所有的艺术家都能这样理解表现行为的本质。

不幸的是，不少人没有充分培养出主体性，只能熟练地表达学到的内容，处于"表现前"阶段，或者误以为表现行为就是"自我表达"。

惯习佛道者，惯习自己也。惯习自己者，坐忘自己也。坐忘自己者，见证万法也。见证万法者，使自己身心及它已身心脱落也。有悟迹休歇焉，今休歇悟，长长去。

——《正法眼藏》 道元

118

这是日本佛教曹洞宗创始人道元禅师的名言，意思是"佛道的修行就是了解自己，了解自己就是忘记自己，忘记自己就是遵循万物的法则，遵循万物的法则就是舍弃自我意识以及自他区别，而且不留下任何悟道痕迹，永远坚持这种存在方式。"

"自我表达"代表意识尚且停留在自己身上，没能达到普遍的真实阶段。也就是说，无论何种形式的"自我表达"，主要目的都是得到他人的评价，本质不过是炫耀渺小自我的示威行为，依然停留在"仿佛患有神经症"的阶段。

可是这种水平的作品随处可见，不少处于该阶段的创作者反而声名大噪，这是为什么呢？

听众和观众必须达到一定的成熟度，这是艺术的宿命。食物和酒同样如此，无论味道多么优秀、多么丰富，只要品尝的人味觉不成熟，它们都不会受欢迎，反而味道过于浓重或过于简单的食物会被誉为美味。艺术同样如此。

如果我们没有培养出属于自己的真正的审美能力，就会被社会评论和广告宣传煽动，被头脑的判断迷惑，认为"虽然自己不太懂，但是有名的东西肯定好"，因此为有名气的作品拍手喝彩。此外，只想从评价中寻求快乐和安慰的人，可能被评价好、迎合大众品位、外表好看等次要要素迷惑。

在不少情况下，受众分不清感动和佩服，容易被作品的表现之外的因素——如表演时使用的技巧很厉害、明明有困难（或表演者明明年纪那么小）却做得很好等——吸引，结果将佩服误认为感动。

　　总而言之，如果人的精神不够成熟，就没办法区分美的真假，更难以看到美的尽头的真理。

业余爱好者那令人
难以忍受的肤浅

———

"我要用机枪扫射听到我的曲子后鼓掌的家伙，一
个不留。"醉醺醺的作曲家说。

沉溺于他美妙旋律的余韵中的幸福的听众
一定无法理解他

但是我明白
他无法忍受自己创造的作品毫无意义
只能依赖暴力幻想

我们生活在创造与破坏不分的时代

八月十四日

——《不谙世故》 谷川俊太郎

谷川俊太郎把作曲家朋友武满彻在醉酒后不由自主说出的、对听众的焦躁情绪写在了诗里。

武满彻的发言有些过激，但从中可以看出在装模作样的演奏会上绝对看不到的重要真相——在创作者、表现者和听众之间存在具有决定性的意识鸿沟。

自命高雅的听众是肤浅的，他们将创作者和表现者的作品当成"饰品"，用来显示自己有教养，他们只汲取表面的美妙声音，带着优雅的微笑鼓掌。这份肤浅是创作者和表现者无论如何都难以忍受的。尽管谷川俊太郎和武满彻身处不同的领域，但二者同为表现者，一定拥有相似的感受。正因为如此，他才能把这个小故事写在诗中。

在改编自米兰·昆德拉的作品《不能承受的生命之轻》、由菲利普·考夫曼执导的电影中有一段很精彩的情节——主人公托马斯对他的女朋友特蕾莎说："生命对我来说非常沉重，对你来说却很轻，我无法承受这份轻。"留下这几句话后，托马斯独自从亡命之地回到了祖国。就像这句台词直截了当地表现出来的那样，肤浅对并非如此的人来说是难以忍受的。

对在生活中真诚地寻找"意味"的人来说，"首先要吃饱饭"以及"总之赶快去干活吧"等说法非常肤浅，因此他们难以忍受。同样地，在艺术中追求真理和真实的人难以忍受那些肤浅的，由漫不经心的娱乐性、俗不可耐和狡猾的商业主义支撑的伪装起来的"艺术"。

法国象征主义画家奥迪隆·雷东留下了这样一段话。

我做出了有自己风格的艺术。那是我在肉眼可见的世界之上、在拥有神奇的美的事物之上睁开眼睛，拼命遵循自然法则和生命法则创作出来的艺术。尽管人们说艺术并非如此……

此外，我的艺术来自我对让我拥有美的信仰的大师们的爱。艺术能带来救赎，艺术是神圣的，能给人带来最好的影响，能让鲜花开放。对业余爱好者来说，艺术只是一种有魅力的东西；但是对艺术家来说，艺术伴随着痛苦，是新播种的种子。我老老实实地遵循隐藏的法则，无论是好是坏，我都会将自己的全部倾注在作品中，将我能做到的一切通过梦想中的样子展

现出来。就算我的艺术和其他人的艺术不同（我认为
不会如此），也会有人接受，它不会随着时间的流逝而
黯淡，它甚至能够成就值得尊敬的友情和恩惠，让我
能够得到充分的回报。

——《致我自己》 奥迪隆·雷东

艺术家不像业余爱好者那样只追求表面的舒适和美，就
算伴随着痛苦，艺术家也要遵循隐藏的法则，即"自然法
则"和"生命法则"。

雷东口中的隐藏的法则，正是艺术家在美的引导下追求
的真理和真实。

**当我们遇到展现出了部分真理的艺术时，就会生出强烈
的共鸣和震撼，想要喊出"就是这样！"。**这才是我们从艺
术中获得的最好的影响，是感动出现的原因，是人类不可或
缺的艺术的意义。

在探寻"真理"的学问之一——数学——的领域做出重
大贡献的日本著名数学家冈洁道破了"数学中最重要的是情
绪"这个事实。他认为数学与艺术在本质上拥有共通性。他
针对真善美，也就是真理，说了下面一番话。

　　我认为无论是理想还是理想所指的真善美，都不属于理性世界，它们只与我们所在的世界存在联系，并能让我们获得一种实在感。借用芥川龙之介的"永恒之影"一词来形容，可谓恰如其分。……

　　理想拥有惊人的吸引力，虽然无法被清晰地看到，但总能让人感受到它的存在。就像一个与母亲从未谋面的孩子在寻母途中能很快判断出所遇之人是不是母亲。因此，理想的基调是"怀念"这种情操。用理想之眼观察，才能快速察觉自己在判断和行为上的偏差。可以说，理想、理念的高度决定了品格的高度。

——《春夜十话》 冈洁

　　这段话中的"永恒之影"同样是万物法则，即"万法"。将美与真理看作"永恒之影"，这种做法相当于道元禅师口中的"见证万法"。

　　当我们将美与真实看作"永恒之影"时，心中就会升起"怀念"这种情感，从而涌起深深的感动，于是瞬间发出感叹。人类在接触到真正的艺术时感受到的喜悦，是灵魂与过去就知道的"永恒之影"重逢的喜悦，是不得不背负"孤独生存"的宿命的生物之间灵魂的对话带来的喜悦。

第 五 章

如何品味生命?

在日常生活中
找回"游戏"

———

　　我在第三章中提到，人生的意义不是通过得到什么、完成什么感受到的，而是通过不断追寻人生的意义感受到的，这具体是什么意思呢？

　　如果人生的意义必须通过做某些特殊的事情才能找到，那么占据我们大部分时间的日常生活就会沦落为无法感受到人生的意义的凄凉生活。正因为如此，我认为我们必须关注平平无奇的日常生活本身。**也就是说，看似平平无奇的日常生活，蕴藏着让我们感受到人生的意义的关键。**

　　如果将日常生活当成"没有生命的时间"来度过，我们的感知力就会在忍耐无聊和痛苦的过程中逐渐僵化，就算在某一刻获得了美好的、非日常的体验，也无法充分感受到喜悦。

可是，或许将生活分为日常的和非日常的本身就是有问题的。我们往往会为"日常"这个词注入"例行公事的无聊时间"的含义。

我们要如何让包含着无趣色彩的日常变得非日常，把二者变成同样意味深长的东西呢？这就要求我们能够在一生的所有时间中带着"玩心"。

我在第四章中提到过，尼采用"孩子"来象征人类最成熟的状态。"孩子"的生活中充满"创造"这个"游戏"。创造是最好的"游戏"，"游戏"是具有创造性的。要想深入感受事物，就要像"孩子"一样把事物当成具有创造性的"游戏"。

艺术家教给人活着的意义。相信艺术的目的是赚钱的人是在自我欺骗。艺术家教给人们，人活于世，是为了像小孩子一样玩耍。这是一种成熟的玩耍——是心智才能的玩耍，所以我们有了艺术与发明。

欣赏生活并不容易。人们会说，一定要谋生，但是为什么？为什么活着？很多谋生的人或衣食无忧的人并没有从中获得太多。无意义的赛车，无意义地以

囤积财富为乐，对"享受"无意义的追求，全部都是
外在的，没有内在的。

——《艺术的精神》 罗伯特·亨莱

罗伯特·亨莱是美国画家、美术教师，他留下的这段话
成为后世众多艺术家选择生存方式时的重要准则。

亨莱认为人活于世，是为了像小孩子一样玩耍，而且这
是一种成熟的玩耍，能够在作品和生活状态中体现这一点的
就是真正的艺术家。但我认为，《艺术的精神》一书中所说
的"精神"不仅属于以艺术为生的人，它对所有人来说都是
不可或缺的。

可是在我周围，将勤勉和禁欲当成美德的自虐式精神依
然根深蒂固。

在"饥饿动机时代"，勤勉、禁欲等"美德"确实起到
了帮助人生存的作用，但遗憾的是，如今它反而成为侵蚀我
们的生活、导致我们丧失人生的意义的重要原因。

享受人生成为不道德的行为，只有经历苦役，才能得到
少量奖赏——这样的现实仍然在延续。员工在完成自己的工
作后担心只有自己按时下班回家是不好的、普通员工很难申
请带薪假期等，都是典型现象。

虽然"饥饿动机时代"已经结束了，但属于那个时代的心理状态如今仍在延续，这就相当于在盛夏时节穿着在寒冷的冬天才能派上用场的厚毛衣，结果满身大汗。现在职场上经常出现员工由于身心不适而倒下的现象，或许正是因为"反季节"的禁欲精神而出现的"中暑"。

饮食
艺术

————

无须多言，饮食是我们得以生存的重要基础。可是，如果饮食仅仅停留在补充营养的层面，而无法从中得到任何"感动"，我们的人生将变得多么索然无味啊。

事实上，我见过不少人匆匆忙忙地生活着，他们将吃饭变成了给汽车加油一样的义务，使其沦为了例行公事。这不仅是饮食方面的问题。对吃饭的态度可以反映出一个人对人生的态度，如果吃饭变成了不得不完成的义务，那就说明这个人的生活本身就变成了不得不完成的任务。

此外，受坊间流传的营养学知识影响，选择所谓对身体好的食物、不吃所谓对身体有害的食物、迷信各种各样的健康饮食法和健康食品、坚持每天吃某种食物等做法同样存在问题。

这些行为是由头脑控制的，忽视了发自内心和身体的声音，无视自然产生的食欲，可以说是相当不符合自然规律的。

"某种成分对身体有好处"，诸如此类的研究结果或许本身并没有错，但是在漫长的人类进化史中，从自然界中以食物的形式获取的一切在某种程度上都是对身体有好处的。相反，因为对身体好而持续、大量摄入某种食物才是不符合自然规律的，很可能对身体有害。

我们的内心和身体生来就兼具完美的秩序和智慧，会根据当时所需的营养，以"食欲"的形式给我们传达信息，让我们均衡地摄入各种食物。

无视大自然的安排、盲目相信尚在发展中的医学（尤其是营养学）知识，可以说是非常危险的事情，因为一味根据不完善、充满谬误的知识操纵内心和身体，总有一天会导致身体以某种形式发起反击。讽刺的是，提倡健康饮食法的人中不乏英年早逝的人，这或许就是身体的反击导致的。

因此饮食应该尽可能地遵循身体的自然法则，不仅要思考吃的内容，还要根据同样的理论思考烹饪方式。

日本国宝级料理家辰巳芳子女士一次次提出她的基本思想——"烹饪就是直面事物的本质"。针对经常被当成"麻烦的义务"的日常烹饪行为，她指出了其中蕴含的深刻意义。

为什么人在烹饪时，更容易感受到自己的存在呢?

因为要想认真做出一顿饭，必须认真面对事物的本质。此外，还需要发现一切事物的法则，配合并且遵循一切事物的法则。

烹饪有法则，我们在烹饪过程中会逐渐理解其中的法则，答案会立刻以"味道"的形式反馈给我们。

亲身接触自然，直面事物的本质，遵循一切事物的法则，无论愿不愿意，结果最终一定会落到自我身上。我认为道元禅师重视禅寺的烹饪、重视典座①的工作，理由就在于此。

——《饮食的地位》 辰巳芳子

就像美是音乐的诱饵一样，在饮食中，是否味美和美观是是否抓住了烹饪本质的重要标准。

尽量减少在日常烹饪中下功夫、用买来的食物勉强充饥……要想真正避免上述行为，就要从思考"对人类来说吃饭究竟是什么"开始。吃饭不仅是身体层

---

① 典座：日本寺院中掌管大众斋粥之事的僧人。——编者注

面和营养层面的问题。思考什么是饮食和应该吃饭，与培养人类的灵魂密切相关。大家一定要进行深入的思考。

吃饭和呼吸一样，是生命中不可或缺的一环，这是不容置疑的事实。因此，如果违抗、忽视吃饭的本质，就会违反自然规律。总有一天，这种做法会导致我们从自己的脚下开始崩塌。

——《味觉旬月》 辰巳芳子

我在对患者实施精神疗法的过程中发现，随着患者的苦恼和症状逐渐缓解，他们的价值观逐渐发生了变化，在各种各样的生活场景中不再偏向合理性及便利性等重视"量"的因素。他们从此前被"量"束缚的价值观中觉醒，注意到了"质"的重要性，也注意到了身边充斥着的粗糙和敷衍的事物，忍不住想要将它们一扫而光。而且，这种现象不仅出现在烹饪和饮食方面，他们开始认真感受日常生活中的一切。

实际上，就连此前从来没有做过饭的患者，也有不少人对饮食的感受变得敏锐，不再满足于被动地吃饭，而是渐渐开始用适合自己的方法尝试烹饪。

对某件事情抱有强烈的好奇心，像小孩子一样想要了解这件事情的本质，希望弄清楚事情的原理，最后想要自己动手尝试——这正是"孩子"热衷于游戏的态度，是在品味生活。

　　烹饪是我们的日常生活中最常见的表现行为，可以让我们如宁面意思那样品味生活，是直接且令人愉悦的艺术。

在"游戏"中
发现自我

———

　　品味生活这一功能由遵循自然法则的内心和身体承担，而头脑会阻碍我们品味生活。

　　头脑是像计算机一样计算和处理信息的地方，其运作法则与自然法则完全不同，当头脑占据主导地位时，遵循自然法则的内心和身体就会受到抑制。

　　人类与其他动物不同，拥有不遵循自然法则的"头脑"，是极为特殊的动物。可是，人类正因为拥有不遵循自然法则的头脑才是人类，才不仅仅满足于品味生活，而会追求人生的意义。内心和身体只能做到品味，要想感受到意义，就必须得到头脑的协助。头脑会原封不动地接受内心和身体的感受，以此为基础发动各种各样的好奇心，进行抽象化和概念化的工作，从中提取出普遍的真理，这就是提取意义的过程。

虽然头脑往往会支配和抑制内心和身体，但是当头脑摆出合作态度时，人类就能得到最遵循自然法则的喜悦。古希腊人认为"观照生活"是最有人性的生活方式，原因同样在于此。

不要让头脑与内心和身体对立，而要让二者相辅相成，从而达到"幸福的喜悦"的状态。我将这种状态称为"游戏"。

> ……我们体内的"孩子"就像各种各样的缪斯显形那样，能发出人体内部的知性声音。知性最初的话语是"游戏"。从这个角度出发，精神科医生唐纳德·温尼科特明确表达了精神治疗的目的："让患者从不做游戏的状态转变为做游戏的状态……游戏能够让每一个孩子和成人变得富有创造性、能够发挥自己的整体个性，而且游戏是唯一的方法。个体只有在做富有创造性的事情时，才能发现自己。"
>
> ——《即兴表演》　斯蒂芬·纳克曼诺维奇

我们正在远离
"游戏"

————

　　当然，每个人在幼年时期应该都曾经自然而然地沉迷于"游戏"，那么为什么我们现在与"游戏"如此疏远呢？

　　我认为这种现象与现代社会中蔓延着的某种价值观密切相关。

　　货币经济将事物的"质"转化为"量"，推动世界发展，而"金钱至上"已经成为具有统治地位的价值观。

　　金钱这种工具的出现本来是为了解决物物交换的不便。金钱通过将一切事物换算为"量"，让交易成为可能。它能将不同"质"的各种事物全部换算为"量"。本来使用金钱就只是权宜之计，所以必然有其不合适的一面。

　　过去，可能是因为人们懂得上述道理，所以普遍认为一味执着于金钱的行为是粗鄙的，甚至用"守财奴"之类的蔑称来称呼只看重金钱的人。那时的人还拥有美学或矜持带来的某些力量，所以经济学原理在过去并不像如今这样能够发挥绝对的主导作用。

如今，经济学原理拥有了能够推动社会发展的强大力量。人们不惜牺牲重要的"质"，也要追求经济价值。于是，面对各种各样的事物，"重视结果多于过程"这种思维方式在社会上蔓延。

倾向于"量"的价值观使人追求效率最大化，让人形成了制定合乎逻辑的战略来处理事务的风格。设定明确的目标、判断可行性和风险、预测胜算有几成、尽量减少投入的成本……这些思维方式统治了人一生中的许多场景。当今社会甚至出现了"人生规划"这样的词。

这种思维方式乍一看合理，其实具有致命的缺陷——过度高估了人的头脑的计算模拟能力。

如前文所述，这种思维方式存在的基本问题是"质"无法换算为"量"，而且头脑的模拟只能停留在单纯的计算层面，在人类、社会、人生和命运等"复杂系统"中完全派不上用场。

无论用电脑计算多久，股价、汇率都不会如预期那样变化。就连用超级电脑来进行天气预测，如今依然只能得出"降雨概率为 60%"之类的模糊结果。由此可见，基于计算的思考有极限，因为雨绝对不会下 60%，只有下雨和不下雨两种可能。

顺带一提，在 20 世纪，量子力学中已经出现了不确定性原理，也就是说，人们明白基于计算的世界观只在某种特定范围内成立。基于计算的思考是科学的基础，在追求科学的尽头，人们终将认识到基于计算的思考的极限。

可是，包含效率主义在内的目的性思维方式如今不仅被用在工作中，而且彻底渗入人类对一切事物的思考中，无论做多么微小的选择，我们都习惯于考虑"有没有用""是盈是亏""性价比高不高""能不能保证得到期待的结果""好处和坏处分别是什么""有什么样的风险，发生风险的可能性是多少"等。于是，"最后肯定……""反正……""麻烦"成为我们的口头禅，我们可能认为反正结果都一样，聪明的做法是不要做多余和无用的事情。

然而，"游戏"只有"无用"才能成立，结果是次要的，有趣的是过程。因此，如今偏向于看重目的的思维方式恐怕清除了允许"游戏"进入的空间。于是，人生变得空虚，感受不到重要的"意味"，只能一味收集像勋章一样能够向别人炫耀的"价值"。

　　请大家想一想。我们现代人从世界上夺走了多少美好的"魔法铃铛"？夺走了多少神秘的、不可思议的东西，以及奇迹？我们是不是用理性的解释毁掉了这个世界？……

　　请大家看清楚只依靠理性世界观来生活的凄凉和无趣。至少在将这个凄凉、无趣的世界当作真实世界的人中，尤其是在这样的年轻人中，由于微不足道的人生难题而自杀或者用一些药物毁了自己的事情屡见不鲜。这样的世界中已经不存在具有伦理性、宗教性和美的价值了。在这样的世界观中，一切都变得毫无意义，都不过是玩笑，就连细微之处的人生价值也不例外。

　　面对这样的世界观，我们必须利用其他世界观——能够找回世界神圣的秘密、夺回人类尊严的世界观——进行反击。艺术家、诗人和作家将发挥重要的作用，因为艺术家、诗人和作家的工作就是为生命赋予神奇的魅力和秘密。"

　　　　　　　　　　——《恩德的便签盒》　米切尔·恩德

在生活中
"游戏"

─────

如前文所述，我们之所以远离"游戏"，是因为做所有事情都依靠头脑。可是，我们没办法丢掉头脑，我已经说过很多遍了，人类正是因为有头脑才能成为人类，所以我们需要思考如何与头脑相处。

那么，让我们来想一想如何巧妙地解除头脑对我们的束缚。

有一种方法能非常有效地回避头脑的计划性与合理性，那就是积极运用与之相反的"即兴"概念。在日常生活中将"即兴"这一概念放在头脑中，平平无奇的事情也会变得惊险刺激。

假设你在一个休息日想要外出，但是并没有特别想去的地方。这种情况下，你可以将一切交给即兴。

在十字路口问一问内心和身体想去哪个方向。具体方法是让身体来做决定，看看腿会往哪个方向前进；开车的话，看看手会让哪个方向的指示灯亮起来。

此外，到达目的地后，给自己出题：在这里要如何享受呢？你可以用这样的方式尝试即兴享受外出。与先收集信息再出行不同，即兴外出时能够真切地感受到自己非常需要思维的爆发力。这就是"游戏"，相当于我们在小时候经历过的或梦想中的探险。

去超市购买食材时，也可以尝试这样的即兴行为，这会让做饭变得格外有趣。不要事先决定菜单，而要在超市里转一转。如果有吸引你的食材，就把它放进购物篮中，然后给自己出题：用篮子里的食材能做什么菜肴呢？

如今，你可以轻而易举地在网上搜到食谱，不过你可以尝试不看食谱，而通过不断试错，用即兴买到的食材做出自己想象中的菜肴。使用冰箱里现有的食材时，同样可以尝试即兴烹饪。这样一来，平时被当成义务的烹饪就会变成充满创造性的"游戏"。

去书店时同样如此。你可以不提前决定要买的书，而在书店里随便逛一逛。就算是平时认为和自己没有关系、不会靠近的区域，你也可以在时间充裕的情况下去转一转，然后漫不经心地抽出一本书随手翻看，说不定你会邂逅意料之外的书。

不过，你买完书后，不必马上阅读，就算只买不读也完全没问题。书架上有这本书就已经很有意义了。或许在 5 年甚至 10 年之后，你会在某一天偶然拿出这本书，但是只有当它在你的书架上时，才存在这种可能性。人与书的缘分就是一个个偶然事件带来的，是微妙而不可思议的。

故意做出即兴行为，一成不变的日常生活会发生细微的变化，充满令人兴奋的发现和创意。我将这种做法称为"拥抱偶然"。

除了即兴之外，还有一件重要的事情，那就是积极地欢迎让你感到麻烦的事情。

头脑的特点是急躁、一味追求高效和结果，所以我们会产生麻烦的感觉。我们往往会对此产生误会。其实麻烦的感觉并非发自内心和身体，而是来自头脑。

因此为了避免被来自头脑的效率主义迷惑，我们应该换个角度想一想，费时费力的事情能很好地打发时间，没办法立刻完成，这样才有趣。

举例来说，我们可以抛弃平时烹饪用的高汤和调味粉，特意用柴鱼片和昆布认真熬制上汤和二汤。这样熬出来的汤，味道和香气与用高汤和调味粉熬制出来的汤截然不同，当我们喝到足以媲美高档餐厅里的、香味扑鼻的汤时，那份感动一定会让我们无比幸福。

此外，我们平时如果想写点儿什么，大多会选择使用圆珠笔或键盘，其实我们可以特意准备好砚台，从容地研墨，用毛笔写下文字。不过，你不必把写毛笔字想得过于严肃，不需要字帖，也不要将其当成一道给自己的题目，无论写什么都可以。哪怕只是慢慢写下自己的名字，你也会发现这并不是一件简单的事。

神奇的是，你在认真面对你什么都没想就随便写下的那些文字，并认真写过它们几次后，就会逐渐感受到这些文字究竟想要被写成什么样子。我们平时只会匆匆忙忙地把文字当成记号，正因为如此，才应该尝试特意做些麻烦的事情。

成年后再开始学习演奏小时候憧憬的乐器也是一件再麻烦不过的事，但我认为正因如此才格外有趣。我们甚至可能不知道该怎么买到乐器、在什么地方购买、如何选择。就算好不容易买到了乐器，也不知道要如何让它发出声音，到处都是未知的事情。可是，没办法立刻顺利达成目标正是学习乐器的有趣之处。

不过，我们并不打算从现在开始朝着成为专业演奏者的方向努力，也不必认为"必须好好练习"。此外，我们可以买来各种各样的课本，也可以在网上搜索教学视频，按照自己的方法不断试错，慢慢学习即可，因为这归根结底只是人生中打发时间的"游戏"。

顺带一提，我的一位法国朋友曾经开心地给我看了他自己做出的新乐器。利用暑假做自由研究时的玩心，无论制作出什么样的新乐器都没问题。既然是自己做的乐器，那么自己就是唯一的演奏者，不就能够轻松地成为该乐器演奏领域的第一名吗？这样一想，实在没必要拘泥于购买乐器、用既定的方法学习乐器。

上述道理适用于任何领域。我们在做一件事时，总想立刻达到专业水平。可是，特意不去这样想也并不是什么罪过，所以，带着"玩游戏"的心态开始也很有趣吧？任何领域的创始人都是在没有教科书和指导者的情况下，从零开始不断试错，一点一点摸索的。

如果追求效率，希望尽快得到结果，那么向熟悉该领域的人学习当然更快，但这正是头脑的思维方式。如果你的目的不是考取资格证或者成为专业人士，那么随意按照自己的想法演奏乐器、插花，或者写有自己风格的毛笔字，都完全没有问题。自己主动试错，不断抓住一个又一个关键点，从而学会一项技能的过程，会成为一种与众不同的有趣经历。

"创造"这个"游戏"就是自由的、打破规则的。"游戏"是通过好奇心和创意创造出来的。如果遵循现有规则，即使能迅速提高"游戏"水平，也会导致好奇心减少，现实中有不少这种本末倒置的情况。

我们是不是不需要成为了不起的人物，只是单纯地享受玩乐的感觉就可以呢？是的，我想这才是"游戏"的精髓。

顺带一提，日本人普遍认为"坚持就是力量"，认为"三天打鱼，两天晒网"是可耻的行为，具有根深蒂固的"禁欲"价值观。但是"一旦开始，就必须坚持下去，研究到一定程度才行"的想法很容易导致令人轻松愉悦的好奇心和玩心逐渐丧失。

跟随内心的方向，随心所欲地去尝试吧，不感兴趣就放弃，不要考虑"坚持到底"之类的价值观。尽情玩耍吧，学习技能只是人生中的大型消遣"游戏"。

重新思考
《蚂蚁和蟋蟀》

在这里，我希望大家想一想《伊索寓言》中的著名寓言故事《蚂蚁和蟋蟀》。

我们小时候看到的《蚂蚁和蟋蟀》其实在原作的基础上进行了相当大的改动。《蚂蚁和蟋蟀》在最早的希腊语版本《伊索寓言》中是《蝉和蚂蚁》，因为北欧没有蝉，所以不知从什么时候开始，"蝉"变成了"蟋蟀"。《伊索寓言》在16世纪下半叶由耶稣会士传到日本，以《伊曾保物语》的名字广为流传。

现在，让我们来看看希腊语版本《蝉和蚂蚁》的故事内容。

冬天，蚂蚁们晒干了粮食。饥饿的蝉向蚂蚁们讨要食物。蚂蚁们问蝉："你为什么不在夏天收集食物呢？"蝉说："我没有空啊，那时我唱歌唱得正欢。"于是蚂蚁们嘲笑蝉："你如果在夏季唱歌，那么到了冬天就去跳舞吧。"

这个故事告诉我们，凡事都要预先做好准备，才能防患于未然。

——《伊索寓言》

在《伊索寓言》中，还有一篇内容相似的故事——《蚂蚁和独角仙》，故事里在夏天悠闲度日、成为批判对象的不是蝉而是独角仙。这个故事告诉我们"尽情玩耍、不考虑未来的人在季节变化后，就会遇到巨大的不幸"。

在法国，拉·封丹以《伊索寓言》为蓝本创作的《拉·封丹寓言》广为人知，《蚂蚁和蟋蟀》在其中被改编为《蝉和蚂蚁》。不过法国教育家、文学家卢梭在其代表作《爱弥儿》中，对"将这则寓言故事告诉孩子"这件事进行了如下批判。

至于第二个寓言，你或许认为孩子们会将蝉作为自己的学习榜样，其实不然，他们会选择蚂蚁。无论是谁，都想充当一个出彩的角色，而不是失掉自己的体面。这是由一个人的自爱决定的，也是一个很自然的选择。但孩子如果受到这种教育则是可怕的。一个既吝啬又毒辣的孩子，完全称得上所有怪物当中最恐怖的一种。这样的一个孩子，既能想到别人会向他索取什么，也能明白哪些东西不能给别人。寓言中的蚂蚁更显得厉害，拒绝别人不说，它还把别人骂了个狗血淋头。

——《爱弥儿（上）》卢梭

在孩子们看到的儿童绘本版《伊索寓言》和迪士尼短篇电影《蚱蜢与蚂蚁》等版本中，有不少都改变了故事的结局，蚂蚁最终把食物分给了蝉（或蟋蟀、蚱蜢）。这些版本一方面彻底隐藏了蚂蚁原本心胸狭窄又吝啬的性格，将蚂蚁美化成了勤勉、做事有计划又踏实稳重的生物；而另一方面，故事还倾向于将蝉（或蟋蟀、蚱蜢）描述成冒冒失失、耽于享乐的愚蠢生物。可以说《蚂蚁和蟋蟀》植入我们脑海中的印象，基本上都是经过修改的。

如果仔细看原版的《伊索寓言》，我们就会发现，在一篇名为《蚂蚁》的故事中，描述了蚂蚁原本的样子，那是一则意味深长的寓言。

> 很久以前，现在的蚂蚁本来是人。他们专心做农活，但是不满足于自己的劳动成果，会美慕别人的东西，结果去偷了邻居的果实。宙斯对他们的贪婪感到气愤，于是把他们变成了蚂蚁。可是他们就算变成了蚂蚁，也没有改变本性。直到现在，蚂蚁们依然会徘徊在田边，收集别人的小麦和大麦，贮存在自己的窝里。
>
> 这个故事说明与生俱来的恶人就算受到了严厉的惩罚，也不会改变本性。
>
> ——《伊索寓言》

对深信"蚂蚁是了不起的生物"的人来说，这实在是一个感伤的故事。可是，《蝉和蚂蚁》中的蚂蚁本来就是贪婪且小气的生物，所以在《伊索寓言》中并不矛盾。

众所周知，我们认为勤勉和忍耐是美德，坚信为将来做准备是一件好事，因此恐怕大多数人都认为应该像《蚂蚁和蟋蟀》中的蚂蚁那样生活。然而实际上，蚂蚁没有活在当下，而选择了勤勤恳恳地贮存食物，最后却没能用完，遗产被后代相争，造成了隐患。我们身边随处可见类似的故事，这是相当常见的现象。

对蚂蚁的行为过度崇拜导致了反常价值观的出现：过度赞美禁欲式的生活；过度为将来做准备，认为与其相反的"活在当下""享受生活"是不好的行为；认为吃苦耐劳才是对的，在享受和舒适中产生堕落感和罪恶感……出于这些想法而过着不自由的生活的人，如今绝不在少数。

这种状态对生物来说绝对不正常。我们与生俱来的愉快或不快的感受是指引我们该往哪个方向前进的基本原则，而一次次向反方向前进是既奇怪又滑稽的。精神被逼到绝境的人常常出现的自残行为和自杀冲动的背后就潜藏着"对蚂蚁的行为过度崇拜"这种反常价值观。

在这种反常价值观的背后，还包含着对象征着蝉（或蟋蟀、蚱蜢）的艺术家的贬低，认为他们是不认真的人。我认为这也是一个严重的问题。

讴歌生命、追求美的艺术被轻视，这是人性的严重堕落，是像虫子一样的人、和"蚂蚁"拥有相同思维方式的人对有人性的人的嘲笑，我认为这着实是一种危害严重的情况。

牺牲活在当下的乐趣，为将来生活顺利而做准备，这是一种出自头脑的卑微思维，与我们对未知的将来的不安相吻合，导致了各种各样的金融产品（如保险产品）的出现。我并不打算彻底否定此类产品，但是不惜牺牲"活在当下"也要为将来做准备，也许是本末倒置的行为。

"蚂蚁哲学"多么吝啬，蚂蚁出于卑鄙的心态，愚弄追求美的蝉（或蟋蟀、蚱蜢），我希望大家不要被这个故事欺骗，不要牺牲珍贵的"具有人性的人生"。

让我们的日常生活从反常的价值观中解脱出来吧！不要害怕，你可以堂堂正正地让生活充满美和喜悦，过上能够感受到人生的意义、有人性的人生。

结语

　　在写完一本书后，我往往会感觉已经没有什么要写的内容了，在上一本书出版后，我的确头脑空空地度过了一段时间。可在不知不觉中，平时与患者的接触和我的日常生活又让我的内心积淀了一些感受，在某个时间点我不得不认真思考它们究竟是什么。

　　本书的主题是"人生的意义"，尽管以讨论人生的意义为出发点，可是一旦着手，我就深切地感受到自己选择了一个不得了的主题，而且越写下去，我的感受就越强烈。

　　必须思考的问题就像没有底的沼泽一样令我无从下手。我不得不思考价值和意义的区别是什么，劳动、游戏和艺术分别是什么意思……越想，我的头脑就越不清晰。我鞭策着这具禁不起熬夜的身体，终于完成了现阶段的研究，花的时间远远超出了原计划。

在第五章里，我提到了什么是有趣的生活，希望大家即兴思考，给自己出出题。老实说，本书确实给我带来了一个不得了的问题。

尽管如此，但我确实感觉到自己借此机会梳理了内心的想法，而且在一定程度上将古代人的思想与现代人鲜活的苦恼和困难结合在了一起。

从更宏观的视角上看，我感到这次面临着一项困难的任务——解开"现代人的困境"这个"线团"，展现给人们希望。可是，我认为解开"现代人的困境"这个"线团"绝对不只是我一个人的任务，而是所有生活在现代社会中的人都要面对的。"饥饿动机时代"正在走向终结，如今比过去任何一个时代都更需要人类特有的智慧和文化。

今后，我们将生活在必须拥有真正憧憬的事物才能前进的时代。我们能否在未来创造出值得憧憬的文化呢？为了不被现代的虚无压垮，如何创造出值得憧憬的文化就是我们必须解决的重要问题。

思想和艺术已经不能仅仅用于装饰了，我们必须将思想和艺术融入血肉才能前进。这种想法是我创作本书的原动力。

　　我在创作本书的过程中多次觉得自己大言不惭，不过，哪怕本书中只有一句话能给充满空虚感的读者带来启示，我都将感到荣幸。

　　最后，是幻冬舍出版编辑部的羽贺千惠女士的真挚和热情让本书得以诞生，我衷心感谢她耐心等待不断拖延的我。

泉谷闲示

2016 年 11 月